誰も知らない素数のふしぎ

オイラーからたどる未解決問題への挑戦

小山信也　著

ブルーバックス

装幀／五十嵐徹（芦澤泰偉事務所）
カバーイラスト／早川洋貴
本文・目次デザイン／齋藤ひさの
本文イラスト／長原佑愛
構成協力／矢吹ゆい

まえがき

　素数とは「1 とそれ自身でしか割り切れない自然数」である. それは, すべての自然数の構成要素であることから, 「数の原子」ともいわれる. 素数がどれだけたくさんあるか, また, 並び方にどんな規則性があるのかといった問題は, 古くから人々を惹きつけてきた. 2000 年以上の数学の歴史の中で, 人類はその解明を目指し数学を発展させてきたが, いまだに多くの謎が未解明のまま残されている.

　本書は, そんな素数の魅力を伝えることを目的としている. そしてこれは単なる既成事実の解説ではない. 現在も日々動いている研究の現場からの生の声であり, 現時点での中間報告である. したがって, 一般の読者はもちろんのこと, 研究者の多くにも周知されていない内容を, 本書は含んでいる. 最終章の先にも道は続いており, 未解明の現象が解き明かされるのを待ちながら佇（たたず）んでいる. タイトル「誰も知らない」には, そうした意味合いが込められている.

　素数に関して, 「チェビシェフの偏り」と呼ばれる 19 世紀から未解決の謎がある. 素数は規則性を持たず, 気まぐれのタイミングで出現すると考えられているが, 実際に素数の列を分析すると, その原則に反するような不自然な偏りが観察される. なぜその現象が生ずるのか, 原因は未解明である. この謎は, 数学において, 史上最大の未解決問

3

題と称される「リーマン予想」より深く，その先にある命題と位置づけられている．私は，ゼータ関数の研究に従事するうちに，「深リーマン予想」という最新の理論によってこの謎が解明できることを発見した．

　本書の後半では，その解説を行う．この内容はここ2～3年で得た最新の研究成果である．驚くべきことに，その理論は実数の級数論，つまり「無限数列の和の収束発散の理論」を使って記述でき，高校までで扱う数学を用いて概ね理解が可能である．

　そこで，それに先立ち本書の前半において，その準備として必要な素数定理や算術級数定理の解説を，実数の範囲で行う試みを行った．通常，素数定理の理解には複素関数論が必須であるとされる．そのため，数学専攻以外の一般の読者に素数定理はハードルが高く，楽しんで味わうことが難しかった．素数の魅力を味わえるのは一部の天才数学者だけではないか，との印象を抱いてきた読者も多いだろう．しかし私は「チェビシェフの偏り」を研究するうちに，実数の級数論でわかることがまだあると実感した．複素関数論を用いずとも，高校数学の範囲内で一般の読者が素数の謎の解明の最先端を味わうことが，十分に可能である．

　そして，本書では数学好きならずとも知っているレオンハルト・オイラー（1707～1783）の業績に注目した．定説では，素数定理はオイラー後のガウスによって提唱され，その後，リーマンの指摘を経てさらに数十年が経過した1896年に，複素関数論を用いようやく証明された．しかし，そ

の証明をよくみれば，オイラーの着想を本質的に用いていることがみてとれる．複素関数論が未発達であった 18 世紀にオイラーは，すでに素数定理に近い概念に達していたと考えられる．複素関数論という技巧に囚われるのではなく，オイラーの仕事を直接見据えることが，素数が持つより深い真実の解明に資すると思われる．

　本書では素数定理の導出を，オイラーの業績「素数の逆数の和の挙動」から出発し，アーベルの総和公式を経由して得る「発見的証明」によって行った．それは現代数学の「厳密な証明」とは異なるが，欠けている数学的な事実を明確にし，素数定理が成り立つための十分条件を提示した．それによって，オイラーが素数定理にいかに近いところまで接近していたかを明確にした．結果的に，高校で扱う数学の範囲を一通り理解した読者なら，複素関数論を用いずとも整数論を楽しみ味わえる可能性を提供できたように思う．

　そこから本書の結論である「偏りの解明」に至る道筋は，冒頭で触れた通り，研究者にとっても新しい内容である．本書は，これまで紹介されることが少なかった「解析的整数論」の入門書として，一般の読者のみならず数学専攻の学生や他分野の研究者も用いることができる．

　若い読者に対し，本書が，人類がまだ到達し得ない地点への橋渡しになれば，著者として望外の幸せである．

2024 年 5 月 31 日　　　著者

目　次

第 1 章

素数のふしぎ

「数の原子」とも呼ばれる素数. 人類はいつその存在に気付いたのか. また, 天才数学者・ユークリッドは紀元前というはるか昔に「素数が無数にあること」をどう証明したのか. まずは素数の魅力の一端に触れるとともに, そんな数の原子が現代に残す未解決問題の入り口に立ってみよう.

1.1 素数の誕生

　素数とは「2以上の整数を2個以上掛けた形に分解できない自然数」のことである．まえがきとは異なる表現を使ったが，たとえば6は，$6 = 2 \times 3$ に分解できるから，素数ではない．このことは，6を2行3列の四角形に並べてみればわかる．

　このような並べ方は一通りとは限らない．たとえば，12は，$12 = 2 \times 6$ と分解できるから素数ではないが，$12 = 3 \times 4$ という別の並べ方もある．

　これらに対し，7は四角形に並べられず，一直線に並べるしかない．

○　○　○　○　○　○　○

　これが素数の姿である．自然数を掛け算に分解し，四角形に並べ，その一辺をさらに分解するという操作を繰り返すと，いずれ，どの辺も素数になる．その究極的な形が**素因数分解**である．たとえば，12 の 2 通りの分解である 2×6 と 3×4 に現れる 6 や 4 を，さらに $6 = 2 \times 3$ や $4 = 2 \times 2$ と分解すると，$12 = 2 \times 2 \times 3$ という共通の素因数分解に達する．一般に，自然数をいろいろな方法で分解すると，様々な途中経過を辿るが，最終的に到達する素因数分解の形はただ一通りに定まる．

　これを，**素因数分解の一意性**と呼ぶ．これが素数の本質であり，素数の性質は，すべてここから得られるともいえる．それは，後述する「**オイラー積**」という神業（かみわざ）的な着想を経由して可能となる．オイラー積は 1737 年に発見されてから 280 年以上が経つが，いまだに，最先端の数学でオイラー積を用いて素数の新たな性質が解明されている．その一端を解説することが，本書の主題である．

　さて，素数の列は，

$$2, \quad 3, \quad 5, \quad 7, \quad 11, \quad 13, \quad 17, \quad 19, \cdots$$

と続く．この列のありようが興味の対象である．これは数学の歴史上，最も古くからある問題の一つであるにもかかわらず，現代数学においてもなお最も大きな謎の一つとして現存する．そういう意味では，数学の未解決問題の中でも稀有なテーマである．

いったい，人類は，いつから素数を知っていたのだろうか．諸説があるが，だいたい紀元前2万年から紀元前500年の間にその概念に達したといわれている．このうち紀元前2万年は，1960年にアフリカのイシャンゴという村で発見された「イシャンゴの骨」と呼ばれる旧石器時代の骨角器（ヒヒの腓骨）の年代を指している．10センチほどの小さな骨には，明らかに意図的に付けられたと見られる刻み目が3列にわたっており，そのうちのある列の刻み目の本数が素数

$$11, \quad 13, \quad 17, \quad 19$$

からなっている．これを「人間が素数の概念を理解していた根拠」とする説がある．

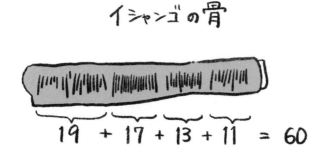

イシャンゴの骨

19 ＋ 17 ＋ 13 ＋ 11 ＝ 60

　一方，これは単なる偶然と見る考えもある．というのも，別の列の刻み目の本数は

$$11, \quad 21, \quad 19, \quad 9$$

であり，素数でない数が交じっている．2 つの数列はいずれも「和が 60」という共通点を持っているので，これは「60 を 4 つの数の和で表す 2 通りの方法」を挙げたものであり，素数が現れたのは偶然であるという説である．

　実は，紀元前 2 万年の当時に，人類が足し算や掛け算を理解していたであろうことは推察されている．しかし，割り算の概念がどこまで存在していたかはわかっていない．イスラエルの物理学者で，数学史の著書があるピーター・ラドマン氏は「人類は，素数の概念に達する前に，割り算に達する必要があっただろう」と考えた．人類が割り算を明確に理解したのは，農耕牧畜文化誕生後の紀元前 1 万年頃といわれている．ラドマン氏によれば，素数の概念の誕生はそれよりもはるかに遅く，古代ギリシアの数学が発達した紀元前 500 年頃だろうとのことである．

　このように，人類が素数を知った時期について，紀元前 2 万年から紀元前 500 年までの説があり，真偽は不明である．ただ，数学者の立場から素直な感想をいわせてもらえば，ラドマン氏の主張する「素数の概念は割り算の概念の後に来るべきもの」との考えは，必ずしも当たっていないと感じる．先の 6 や 12 を四角い形に並べる操作は，演算というよりも数自体を触ることでなし得るものであり，必ずしも割り算に習熟していなくても可能だからである．素

数の概念はそこまで複雑なものではなく，むしろ基本的なものであり，十進法や足し算より早かった可能性すらある．自然数の概念が生まれてまもなく素数が認識されたということだって，あるかもしれない．人類が割り算に習熟する前に素数の概念を獲得していた可能性は否定できないし，むしろ，素数の概念によって割り算の発展が促進された可能性もあるかもしれない．

　いずれにしても，現代人からみれば，紀元前2万年であれ紀元前500年であれ，大昔であることに変わりはない．私たち考古学の素人にとっては，実感に大差はないともいえる．多くの学問分野の中で，数学が古くから存在する学問の代表格であることは疑いの余地がないが，中でも素数の謎はきわめて古くからあり，そしてそれが今現在もなお，最先端の研究によって活発に議論され，解き明かされつつあるのだ．本書を通じて，そんな魅力に満ちた素数の世界を伝えられればと思う．

1.2　ユークリッドの方法

　素数の列

$$2, \quad 3, \quad 5, \quad 7, \quad 11, \quad 13, \quad 17, \quad 19, \cdots$$

は，どこまで続くのか．最初の答えは「無限に続く」というものである．これは，紀元前3世紀のユークリッドの『原論』に記されているため「**ユークリッドの定理**」と呼ばれ

ている．証明は「いくらでも新たな素数を作り出せること」
を直接的に示す方法による．最初に，いくつでも，どんな
素数でも良いから，有限個の素数を考えると，「それらすべ
ての積に 1 を加えた数の素因数」が，それらと異なる新た
な素数となる，というものである．

　たとえば，最初に「2 と 7」という 2 個の素数を考えた
ら，それらの積に 1 を加えた「15」の素因数として「3 と
5」が得られる．この 2 つの素因数は，最初の素数「2 と
7」と必ず異なる．その理由は，積 2×7 が「2 でも 7 で
も割り切れる数」であることから，「+1」の部分が 2 や 7
で割ったときの「余り」となるからである．

$$\underbrace{2 \times 7}_{\substack{2 \text{ の倍数} \\ 7 \text{ の倍数}}} + \underbrace{1}_{\substack{2 \text{ で割った余り} \\ 7 \text{ で割った余り}}} = 15$$

よって，15 は「2 でも 7 でも割り切れない」ということが
わかる．15 の素因数分解を考えると，その結果として出て
くる素数は 2 でも 7 でもない，新しい素数ということにな
る．以上の証明を，より一般の数に対して現代数学の記法
で記すと，次のようになる．

ユークリッドの定理

　素数は無数に存在する．

証明　何個であれ，有限個の素数 $p_1, p_2, p_3, \cdots, p_n$ がある

とき，整数 $N = p_1 \cdots p_n + 1$ は，$p_1, p_2, p_3, \cdots, p_n$ のどれ
で割っても 1 余るので割り切れない．よって，N の素因数分
解に $p_1, p_2, p_3, \cdots, p_n$ は現れず，N は $p_1, p_2, p_3, \cdots, p_n$
以外の素因数を持つ．ゆえに，$p_1, p_2, p_3, \cdots, p_n$ 以外の
素数が存在する． □

この証明では，「無数に存在すること」を「無数」の定
義，すなわち「無数」という語の意味に従い，そのまま示
している．「無数」とは「どんな有限の数よりも大きい」と
いう意味である．数学的に「無限」は「有限でないこと」
と否定形で定義される．「有限」を経ずに「無限」を直接定
義することはできない．

よくある誤解で，この証明が背理法であるという解釈が
ある．たしかに，上の証明は「n 個しか素数が存在しない」
と仮定して矛盾を導いているので，その意味では背理法の
形式に当てはまる．しかし，証明が背理法であるか否かは，
単に仮定と矛盾したかどうかで決まるものではない．もし
それで決まるのだとすれば，すべての証明は背理法と呼べ
ることになる．最初に証明すべき結論を否定してから普通
に証明すれば，矛盾するからである．背理法であるか否か
の判定基準は，「矛盾するか」ではなく「どのような矛盾
か」である．本来示すべき命題と無関係な矛盾が生じれば，
その証明は背理法である．たとえば，「素数が有限個しか存
在しない」と仮定して「三平方の定理を満たさない直角三
角形が存在する」といった結論が出たなら，この証明は背
理法であるといえる．しかし，上の証明は違う．「n 個し

か素数が存在しない」と仮定して「$n+1$ 個目の素数が存在する」という結論が出たのである．これはまさに，今示すべきこと．すなわち，「無数に存在すること」の定義そのものである．

　ところで，今示した「素数が無数に存在すること」は，決して当たり前の事実ではない．このことを，すべての議論の前提として明確にしておく必要がある．実際，大学のクラスで「素数は無数に存在すると思うか」という問題を出すと，数名が「自然数が無数にあるのだから，その構成要素である素数も無数に存在するに決まっている」と答える．問題を出されている状況で敢えてそんな答えをするのだから，普段から漠然と「当たり前」と感じている人は，意外と多いのかもしれない．しかし，この考えは論理的に間違っている．たとえ，素数が 2, 3, 5 の 3 個しかなかったとしても，それらの組み合わせは無数にある．好きな個数だけ掛けられるからである．たとえば，

$$\underbrace{2\times 2\times\cdots\times 2}_{37\ 個}\times\underbrace{3\times 3\times\cdots\times 3}_{59\ 個}\times\underbrace{5\times 5\times\cdots\times 5}_{103\ 個}$$

のように，めちゃくちゃな個数で何個ずつ掛けてもよい．個数を変えれば無数の自然数を得る．だから，自然数が無数にあるからといって，素数が無数にあるとは限らない．私たちが「素数が 2, 3, 5 の 3 個だけのはずはない」と感じるのは，それらで表せない 7 や 11 などの素数を具体的に知っているからである．したがって，3 個で不十分なこ

とは明らかでも，1000 個の素数が与えられたとき，それで不十分かどうかはわからないだろう．1001 個目の素数を知らないからである．それら 1000 個の素数の組合せですべての自然数が表せる可能性も，容易には否定できない．

そうした観点で先の証明を改めて見てみると，これはまさに，どんな自然数 n に対しても「$n+1$ 個目の素数」を具体的に特定する過程を示していることがわかる．n 個の素数 $p_1, p_2, p_3, \cdots, p_n$ が与えられればそこから新しい素数を具体的に計算できる．その意味でも，これは，もってまわった背理法ではなく，無数に存在することの定義に従った直接的な証明であるといえる．

1.3 量的分布と質的分布

素数が無数に存在することはわかったが，話はこれで終わりではない．自然数の部分集合で，無数の要素からなるものは，他にもいろいろある．すぐに思いつくだけでも，以下のようなものがある．

(1) 偶数の全体 $\{2, 4, 6, 8, 10, \cdots\}$

(2) 5 の倍数の全体 $\{5, 10, 15, 20, 25, \cdots\}$

(3) 平方数の全体 $\{1, 4, 9, 16, 25, \cdots\}$

(4) 2 べきの全体 $\{1, 2, 4, 8, 16, 32, \cdots\}$

素数の集合をこれらの無限集合と比べたとき，どちらが大

きいのだろうか. 有限の数に大小があるのと同様に, 無限
にも大小がある. 素数の個数は, どれくらいの大きさの無
限なのだろう.

一見して, (1) は (2) よりも多いし, (3)(4) はそれらよ
りも少なそうである. 無限の大きさを測るとき, 最も身近
でわかりやすいのは「%表示」だろう. すぐにわかるよう
に, (1) は自然数全体の半分だから 50%を占め, (2) は「5
個に 1 個の割合」だから 20%を占める. それらに比べる
と, (3)(4) は隣り合う項の間隔がどんどん広がっていくの
で, 少なそうである. (1)(2) の割合が 50%とか 20%だと
いうことは, 数学的には極限値で定義される. まず, 有限
の区間「x 以下」で個数の割合を算出してから $x \to \infty$ の
極限をとる方法である. (1) の場合, 50%となることは, 以
下の計算式からわかる.

$$
\lim_{x \to \infty} \frac{x \text{ 以下の偶数の個数}}{x \text{ 以下の自然数の個数}}
$$
$$
= \begin{cases} \lim\limits_{x \to \infty} \dfrac{\frac{x}{2}}{x} & (x \text{ が偶数のとき}) \\ \lim\limits_{x \to \infty} \dfrac{\frac{x+1}{2}}{x} & (x \text{ が奇数のとき}) \end{cases}
$$
$$
= \frac{1}{2}
$$

同様にして, (2) が 20%であることもわかる. また, (3)(4)
が 0%であることも, 少し考えるとわかる. (3)(4) はいず
れも「隣り合う項の間隔」がどんどん広がっていく. 実際,
第 n 項と第 $(n+1)$ 項の差は

(3) の隣り合う項の差 $= (n+1)^2 - n^2 = 2n + 1$,

(4) の隣り合う項の差 $= 2^{n+1} - 2^n = 2^n$

となり，いずれも $n \to \infty$ のときに ∞ に発散する．このことから，(3)(4) の割合が「どんな正の数よりも少ない」という事実がわかる．なぜなら，たとえばそれが 1% であるということは，「100 個に 1 個の割合」という意味だが，間隔が無限に広がるのだから，いずれは「100 個に 1 個」を下回る．そして，一度下回ったら二度と復活しない．最初は 100 個に 1 個を上回っていた「貯金」があるため，下回った直後は「平均 1% 以上」を維持できるかもしれないが，いつしか貯金は尽き「平均 1% 未満」になるだろう．同様に考えれば，0.1% 未満，0.01% 未満，といくらでも 0 に近いことが証明できるので，結局，極限値は 0 となる．

一つ重要な注意をしておくと，ここで「0%」は「非存在」を意味するものではない．無限集合における割合は極限として定義される．「0%」とは「極限が 0」という意味であり，そこに至る過程では正の値が存在している．

もう一つ，よく質問を受ける事柄があるので，念のため補足する．それは，ここで行っている「無限大の大きさの比較」と，集合論で扱う「可算無限」「非可算無限」などの概念との関係である．どちらも，無限大どうしを比べているので，混乱する人もいるようである．

実は，無限大にはいくつかの測り方があり，集合論で学ぶのはそのうちの一つである．少し例を出して説明してみ

よう．10 までしか数えられない古代の羊飼いが，200 頭の羊を管理する状況を想像してほしい．彼は，毎朝，羊を放牧し，夕刻になると小屋に収容するが，全頭が戻ったことを，200 頭を数えずに確認したい．それには，十分たくさんの小石を入れた布袋を準備しておけばよい．朝，羊を小屋から出すときに，一頭が出るごとに袋から小石を出す．そして夕刻に羊が小屋に戻るとき，一頭が入るごとに小石を袋に入れる．すべての小石が袋に入れば，全頭が戻ったとわかるし，小石が余れば，まだ屋外に羊がいることになる．こうすることで，10 より大きい数を知らなくても，小石の数との比較によって頭数を管理できるわけである．数学的にいうと，これは羊と小石の間の「一対一対応」を用いている．数えられないほど大きな数でも，一対一対応がつけば「個数が等しい」といえるのである．

　集合論では，一対一対応がつく集合を（有限集合だけでなく無限集合も含め）「濃度が等しい」と呼び，それがすなわち「無限大の大きさが等しい」ことを意味すると習う．整数，偶数，有理数の集合はすべて濃度が等しく，その濃度を可算無限と呼び，実数全体の集合はそれより濃度が大きく非可算無限と呼ばれる．

　これに対し，本書で扱う集合は，いずれも自然数の部分集合であるから，現れる無限大はすべて可算無限である．さらにいえば先の (1) から (4) の例は，集合論で扱う「等しい大きさの無限大」を，より精密に比較しているといえる．(1)(2) の 50%，20% や，(3)(4) の 0% は，数学的には「**密度**」（density）と呼ばれ，集合論でいう「濃度」

(cardinality) とは別物である．濃度が同じ可算無限の集合の中に，いろいろな密度の集合がある．素数の集合は（もちろん可算無限だが）どんな密度を持つのか，それが本書の前半のテーマである．

さて，素数の全貌を把握したいと考えたとき，2 種類の観点から問題を設定できる．この 2 つの言葉はこれから何度も登場するので，ぜひ覚えておいてほしい．

量的分布 「x 以下の素数の個数」を，x の式で求めること（これを $\pi(x)$ とおき，**個数関数**と呼ぶ）．

質的分布 素数の分布の「不規則さ」「バラバラの程度」を表すこと．

たとえば，(1) の場合，量的分布は，「x 以下の偶数」の個数が

$$\begin{cases} \frac{x}{2} & (x \text{ が偶数のとき}) \\ \frac{x+1}{2} & (x \text{ が奇数のとき}) \end{cases}$$

と求められるので解決できるし，偶数が 1 つ置きに現れることから質的分布についても「規則的・周期的」という解答が得られる．

当然，この 2 つの問題は無関係ではなく，互いに関連している．もし，個数関数 $\pi(x)$ を完全に求められたら「どの数が素数であるか」をことごとく決定できるので，量的分布が完全に解明できれば，質的分布の問題も自動的に解決するだろう．しかし，実際には，$\pi(x)$ は完全にわかる

わけではなく，ごく大雑把な挙動がわかるだけである．す
なわち，x 以下に「だいたい何個くらいの素数があるか」
がわかるだけなので，それらが「どのように分布している
のか」という質的分布の問題が残るのである．

　少し専門的な表現で説明すると，現代の整数論では，$\pi(x)$
はある無限個の複素数からなる数列（ゼータ関数の零点）を
用いてぴったり正確に書き下せることがわかっている（**リー
マンの明示公式**）．ただ残念ながら，ゼータ関数の零点が
完全には解明されていないため，$\pi(x)$ の全貌は未解明で
ある．それでも，ゼータ関数についてある程度のことは知
られており，それを用いて $\pi(x)$ の大まかな挙動はわかる．
それが，次章で解説する**素数定理**

$$\pi(x) \sim \int_2^x \frac{1}{\log t} dt \qquad (x \to \infty)$$

である．「$\sim$」などの記号は後ほど詳しく解説する．要はこ
の定理を改善してより精密な挙動を求める（＝ 素数の量的
分布を突き止める）問題が「現代数学における最大の未解
決問題」とされる**リーマン予想**である．

　本書の後半，第 5 章では，リーマン予想と素数分布の直
接的な関わりを述べる．リーマン予想の素数研究への応用
については，従来から「リーマンの明示公式を経由して素
数定理の誤差項の改善に役立つ」といった説明がなされて
きた．つまり，明示公式によって表される $\pi(x)$ の式中の
ある項の大きさがリーマン予想を用いてわかる，すなわち
素数の量的分布がより詳しくわかるという意味だが，こう

した説明には複素関数論が必要であった. 本書は, 複素関数論を前提とせず, 実数の級数論のみを用いてリーマン予想と素数分布の関係に迫る. その大部分は, 高校で学ぶ数学の範囲で理解可能である.

さらに, 本書の第6章では, 深リーマン予想を扱う. リーマン予想が長きにわたって未解明である理由は, 命題の定式化に原因があるのだろうとの考えから, 2012年に黒川[1]によって**深リーマン予想**という, リーマン予想を包括する新たな予想が提唱された. 深リーマン予想は, 従来のリーマン予想を複素関数論を用いずに平易に説明できるといったメリットがあり, そのことは数年前から知られていたが[2], 今回, それに加え, 深リーマン予想を用いて「素数の質的分布」をある程度解明できることがわかった. この最新の理論を紹介することが, 本書の目標である.

次章ではそれに先立ち, ユークリッドの定理の改良に相当するオイラーの研究や, 素数定理について解説する.

---

[1] 黒川信重『リーマン予想の探求 ～ABC から Z まで～』(技術評論社, 2012).

[2] 拙著『数学の力 高校数学で読みとくリーマン予想』(日経サイエンス社, 2020).

第 **2** 章

オイラーと
素数定理

素数は無数に存在する．ではその無限大は，
同じく無数に存在する偶数や平方数などの他
の数と比べたとき，同じ無限大なのか．それ
とも異なる大きさの無限大なのか．天才数学
者，オイラーの頭の中を想像しながら，その着
想をもとに素数の個数の謎に迫る．そして，
最終的に「素数定理」の発見的証明に挑戦し
てみよう．

2.1 オイラーの発見

ユークリッドの定理は，1737年にオイラーによって改良された．これは，ユークリッドの発見から約2000年後の快挙であった．オイラーは，「精密化」と「一般化」という2つの意味でユークリッドの定理の改良に成功し，前章で述べた「量的分布」「質的分布」の両面から素数のふしぎの解明に進展をもたらした．

本章では，まず，オイラーが成し遂げた2つの改良のうち，精密化についてみる．これは素数がどれだけたくさんあるかという量的分布に関連しており，この改良による発見は，ユークリッドの定理の「素数の個数＝無限大」が，「ある程度大きな無限大」であるという事実であった．

その着想を理解するために，まず，オイラーの方法でユークリッドの定理の「別証明」を与えてみよう．ユークリッドのアイディアを使わずに，別の方法で「素数が無数に存在すること」を証明するのである．

オイラーは，**調和級数**を利用した．調和級数とは「自然数の逆数の和」，すなわち，こんな級数である．

$$1 + \frac{1}{2} + \frac{1}{3} + \frac{1}{4} + \frac{1}{5} + \frac{1}{6} + \frac{1}{7} + \frac{1}{8} + \cdots .$$

なぜ逆数をみるのか，その意味合いは後ほど解説するが，一言でいうと，これは無限を扱う際のテクニックの一つである．自然数は先にいくほど値が巨大になり扱いづらくなるが，逆数なら小さくなり制御しやすいのである．なお，

「調和」(harmonic) の語源は，音楽の「ハーモニー」に由来する．音の振動数が整数倍（2 倍，3 倍，4 倍）のとき，波長はその逆数（$\frac{1}{2}$ 倍，$\frac{1}{3}$ 倍，$\frac{1}{4}$ 倍）になり，それらは「倍音」と呼ばれ，元の音とちょうどよく「ハモる」ことから来ている．また，語源とは異なるが，数学において様々な級数がある中で，調和級数は「収束」と「発散」のちょうど境界に位置することが知られている．つまり，調和級数の各項を，それより少しでも小さく変形すると収束するため，調和級数は「ギリギリ発散」となる限界を表している．そして，後でみるように，その発散は他の場合と異なり極端に緩やかで，まさに「収束」と「発散」の両者が調和しているようにみえる．「調和」の名称はそうしたニュアンスにも合っている．

調和級数の発散定理（オレーム，14 世紀）

$$1 + \frac{1}{2} + \frac{1}{3} + \frac{1}{4} + \frac{1}{5} + \frac{1}{6} + \frac{1}{7} + \frac{1}{8} + \cdots = \infty.$$

証明 $\frac{1}{3}$ を $\frac{1}{4}$ で書き換えると，分母が大きくなるので分数の値は小さくなる．次に，$\frac{1}{5}, \frac{1}{6}, \frac{1}{7}$ の 3 つをいずれも $\frac{1}{8}$ に書き換えると，式の値はさらに小さくなる．これを，不等式で表すと次のようになる．

$$1 + \frac{1}{2} + \frac{1}{3} + \frac{1}{4} + \frac{1}{5} + \frac{1}{6} + \frac{1}{7} + \frac{1}{8} + \cdots$$

$$> 1 + \frac{1}{2} + \underbrace{\frac{1}{4} + \frac{1}{4}}_{2 \text{ 個}} + \underbrace{\frac{1}{8} + \frac{1}{8} + \frac{1}{8} + \frac{1}{8}}_{4 \text{ 個}} + \cdots.$$

$\frac{1}{4}$ は 2 つ加えると $\frac{1}{2}$ となり，$\frac{1}{8}$ は 4 つ加えると $\frac{1}{2}$ となるから，計算を進めると，

$$1 + \frac{1}{2} + \underbrace{\frac{1}{4} + \frac{1}{4}}_{\frac{1}{2}} + \underbrace{\frac{1}{8} + \frac{1}{8} + \frac{1}{8} + \frac{1}{8}}_{\frac{1}{2}} + \cdots$$

$$= 1 + \frac{1}{2} + \frac{1}{2} + \frac{1}{2} + \cdots$$

となる．左辺は，調和級数の各項の分母をそれより大きな最初の 2 べきで置き換えた式である．たとえば，$\frac{1}{9}$ から $\frac{1}{15}$ までは $\frac{1}{16}$ で置き換えるのである．そうすると 16 の半数である 8 個が $\frac{1}{16}$ となり，それらの和が $8 \times \frac{1}{16} = \frac{1}{2}$ となる．

　一般には，分母が 2 べきの分数 $\frac{1}{2^n}$ が 2^{n-1} 個出てくるので，それらの和が

$$\frac{1}{2^n} \times 2^{n-1} = \frac{1}{2}$$

となる．永遠にこの置き換えを繰り返していくと，どの部分からも $\frac{1}{2}$ が現れ，式全体の値は，$\frac{1}{2}$ を無数に加えたものなので，∞ となる．以上より，

$$1 + \frac{1}{2} + \frac{1}{3} + \frac{1}{4} + \cdots = \infty$$

が示された． □

　この証明は，調和級数が単に無限大に発散することだけ
でなく，「どれくらいの勢いで発散するか」という，いわば
「無限大の大きさ」についても，ヒントを与えている．調和
級数を最初の x 項で切った有限和

$$1 + \frac{1}{2} + \frac{1}{3} + \frac{1}{4} + \cdots + \frac{1}{x}$$

が，x の関数として「どんな式になるか」を推定できるの
である．そのためには，対数関数や自然対数といった概念
が必要になる．いずれも高校数学の範囲の用語だが，ここ
では「調和級数の挙動の解明」という特有の目的があるの
で，それに即した簡単な解説を以下に行う．

　オレームの着想は，$2^{k-1} < n \leqq 2^k$ なる自然数 n を 2^k
で置き換えるというものだった．そのように 2 べきごとで
区切られた n たちが合わさって $\frac{1}{2}$ になっていた．今，x
を 2 べきとし $x = 2^k$ とおこう．すると，x 以下に k 個
の 2 べきがあるので，n たちは k 組に分けられ，

$$1 + \frac{1}{2} + \frac{1}{3} + \frac{1}{4} + \cdots + \frac{1}{x} > 1 + \frac{k}{2}$$

となる．右辺の 1 を取り除いた次の不等式も当然成り立つ．

$$1 + \frac{1}{2} + \frac{1}{3} + \frac{1}{4} + \cdots + \frac{1}{x} > \frac{k}{2}.$$

x と k には，$x = 2^k$ の関係があるが，このときに k を x
の式として表すための記号が log である．$k = \log_2 x$ と
書き，これを「2 を底とする対数」と呼ぶ．すなわち，$\log_2$
は次式をみたす．

$$k = \log_2 2^k.$$

すると，前の不等式は，次のように書き換えられる．

$$1 + \frac{1}{2} + \frac{1}{3} + \frac{1}{4} + \cdots + \frac{1}{x} > \frac{\log_2 x}{2}.$$

$\log_2 x$ は「x は 2 の何乗か」を表す指数のことである．
たとえば，

$$x = 2^3 = 8 \quad \Longleftrightarrow \quad \log_2 x = \log_2 8 = 3$$
$$x = 2^5 = 32 \quad \Longleftrightarrow \quad \log_2 x = \log_2 32 = 5$$

である．これだけだと，対象となる x は 2 べきだけと思われるかもしれないが，数学ではこんなとき，あるルールに従いながら対象を広げる操作を行う．この場合，指数法則というルールを適用する．それは，

$$2^{a+b} = 2^a \times 2^b$$

という式で表される．a, b が自然数のときには，「$(a + b)$個の 2 を掛けたものは，a 個掛けたものと b 個掛けたものの積である」という当たり前の事実を表しているが，これを，a, b がすべての実数の場合に拡張するのである．

たとえば，$a = 0$ のとき，任意の b に対して

$$2^b = 2^{0+b} = 2^0 \times 2^b$$

となることから，$2^0 = 1$，すなわち「0 乗は 1」であることがわかる．この事実は，対数を用いて次のように書くこともできる．

$$\log_2 1 = 0.$$

次に，$a = -b$ のとき，

$$1 = 2^0 = 2^{a-a} = 2^a \times 2^{-a}$$

であることから，$2^{-a} = 1/2^a$，すなわち「マイナス乗は逆数」であることがわかる．対数を用いて表せば，次式が成り立つ．

$$\log_2 \frac{1}{2^a} = \log_2 2^{-a} = -a.$$

たとえば，$2^{-3} = 1/8$ であり，

$$\log_2 \frac{1}{8} = -3$$

である．さらに，a が分数，たとえば，$a = b = 1/2$ のとき，

$$2 = 2^1 = 2^{\frac{1}{2}+\frac{1}{2}} = 2^{\frac{1}{2}} \times 2^{\frac{1}{2}}$$

であるから，$2^{\frac{1}{2}}$ は「2 乗して 2 になる数」すなわち，$2^{\frac{1}{2}} = \sqrt{2}$ となる．対数で書けば，次式が成り立つ．

$$\log_2 2^{\frac{1}{2}} = \log_2 \sqrt{2} = \frac{1}{2}.$$

同様にして，一般に $2^{\frac{1}{n}}$ は「n 乗して 2 になる数」すなわち「2 の n 乗根」を表し，$2^{\frac{m}{n}}$ は「その m 乗」となる．たとえば，$2^{\frac{5}{3}}$ は，「2 の 3 乗根の 5 乗」である．

　このようにして，あらゆる実数 a に対して 2^a が定義され，それに応じて対数も定義される．すると，指数関数・対数関数のグラフは，いずれも滑らかな曲線となる．

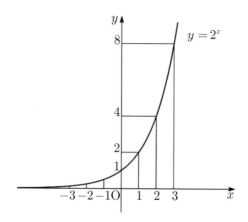

指数関数のグラフ

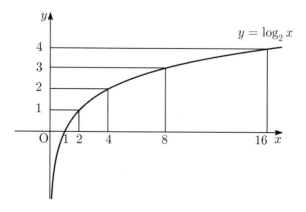

対数関数のグラフ

先ほど，調和級数を「x 以下」に制限した有限和の大きさについて，以下の不等式を得た．

$$1 + \frac{1}{2} + \frac{1}{3} + \frac{1}{4} + \cdots + \frac{1}{x} > \frac{\log_2 x}{2}$$

右辺の $\log_2 x$ の大きさを調べてみよう．それは，底の 2 を 10 に変えた対数と比べるとわかりやすい．$\log_{10}$ は桁数と関係があるからである．たとえば「n が 3 桁」は $10^2 \leqq n < 10^3$，つまり $2 \leqq \log_{10} n < 3$ と同値である．一般に $k-1 \leqq \log_{10} n < k$ なら「n は k 桁」となる．したがって，$n \to \infty$ のとき $k \to \infty$ だが，k の増え方は極めて遅い．たとえば，n が 1 億から 10 億に増えても，桁数は 9 から 10 に 1 増えるだけである．

では，$\log_{10}$ と $\log_2$ はどれくらい違うのだろうか．これは，$10 = 2^k$ と表してみればわかる．$k = \log_2 10 = 3.32\cdots$ である．すると，$a = \log_{10} x$ のとき，

$$x = 10^a = (2^k)^a = 2^{ka}$$

であることから，$ka = \log_2 x$ となる．したがって，

$$\log_2 x = ka = (3.32\cdots) \times \log_{10} x$$

となる．$\log_{10} x$ は「ほぼ桁数」であったのに対し，$\log_2 x$ は「その約 3.32 倍」であることがわかる．たとえば，x が 1 億のとき，$\log_2 x$ は「30 くらい」ということになる．$\log_2 x$ は $\log_{10} x$ に比べて少しは大きいが，x からみれば全然小さい．大まかにいって，$\log_2 x$ も，$\log_{10} x$ と同様

に「極めて遅い発散である」といえる.

　ここまでの考察で，調和級数に対する不等式

$$1 + \frac{1}{2} + \frac{1}{3} + \frac{1}{4} + \cdots + \frac{1}{x} > \frac{\log_2 x}{2}$$

の右辺が「x に比べて極めて遅い発散」であることがわかった．しかし，これはあくまで不等式であるから，この事実だけでは調和級数の発散が遅いとは断定できない．

　そこで，逆側の不等式を作ってみる．それは，オレームと同じ方法でできる．今度は，分母を少しずつ小さくし，3 を 2 に変え，5, 6, 7 を 4 に変え，……とすればよい．すると，先ほどの「$\frac{1}{2}$」の代わりに「1」ができる．$x = 2^k$ のとき，次のように計算できる.

$$
\begin{aligned}
&1 + \frac{1}{2} + \frac{1}{3} + \frac{1}{4} + \cdots + \frac{1}{x} \\
&< 1 + \underbrace{\frac{1}{2} + \frac{1}{2}}_{1} + \underbrace{\frac{1}{4} + \frac{1}{4} + \frac{1}{4} + \frac{1}{4}}_{1} \\
&\quad + \cdots + \underbrace{\frac{1}{2^{k-1}} + \cdots + \frac{1}{2^{k-1}}}_{1} + \frac{1}{2^k} \\
&= \underbrace{1 + \cdots + 1}_{k} + \frac{1}{2^k} = k + \frac{1}{x} = \log_2 x + \frac{1}{x}.
\end{aligned}
$$

これで，調和級数を上からも押さえられた．この不等式を，先ほどの不等式と合わせると，次式が成り立つ.

$$\frac{1}{2}\log_2 x < 1 + \frac{1}{2} + \frac{1}{3} + \frac{1}{4} + \cdots + \frac{1}{x} < \log_2 x + \frac{1}{x}.$$

最後の項 $\frac{1}{x}$ は限りなく 0 に近づくから増大度に影響しない．結局，調和級数の増大度は「$\log_2 x$ の定数倍くらい」であり，その定数は $\frac{1}{2}$ と 1 の間だろうと推察される．実際，数値計算を行うと，その定数は $0.69\cdots$ くらいと思われる．すなわち，次式が成り立つと推測できる．

$$1+\frac{1}{2}+\frac{1}{3}+\frac{1}{4}+\cdots+\frac{1}{x} \sim (0.69\cdots)\times\log_2 x \quad (x \to \infty).$$

ただし「$\sim$」は，後ほど §2.4 で定義する記号であり，「無限遠における等号」に相当する．

この結論で，底を 2 から 10 に変えてみると，$\log_2$ は $\log_{10}$ の約 3.32 倍だったから，次式が成り立つ．

$$1+\frac{1}{2}+\frac{1}{3}+\frac{1}{4}+\cdots+\frac{1}{x} \sim (2.30\cdots)\times\log_{10} x \quad (x \to \infty).$$

底を 2 から 10 に変えたことで，$\log$ の係数が約 0.69 から約 2.30 に増えた．底の増加に伴って係数も大きくなることがわかる．したがって，2 と 10 の間に，係数が 1 となる底があるはずである．そのときの底を e とおき，**ネイピア数**と呼ぶ．$e = 2.71828\cdots$ であることが知られている．$\log_e$ を**自然対数**とよび，しばしば底を略して $\log$ と略記する．

以上が，オレームの着想から得られる推察である．結論は次式となる．§2.4 で定理［調和級数の挙動］として，この式の厳密な証明を与える．

$$1 + \frac{1}{2} + \frac{1}{3} + \frac{1}{4} + \cdots + \frac{1}{x} \sim \log x \quad (x \to \infty).$$

以上で対数の解説を終わり，話をもとに戻そう．いよいよ，オイラーの着想に迫る．それは，調和級数を「丸ごと素因数分解」するというものである．その結果は「素数全体にわたる積」であり，「オイラー積」と呼ばれる．ただし，現代ではオイラー積の名称はゼータ関数における一般の変数 s に対するものを指すことが多い．その意味では，このオイラー積は「$s = 1$ の特殊な場合」である．

定理［オイラー積 $(s = 1)$］（オイラー 1737）

次の等式が成り立つ．

$$1 + \frac{1}{2} + \frac{1}{3} + \frac{1}{4} + \frac{1}{5} + \frac{1}{6} + \frac{1}{7} + \frac{1}{8} + \cdots$$
$$= \left(1 + \frac{1}{2} + \frac{1}{2^2} + \frac{1}{2^3} + \cdots \right)$$
$$\times \left(1 + \frac{1}{3} + \frac{1}{3^2} + \frac{1}{3^3} + \cdots \right)$$
$$\times \left(1 + \frac{1}{5} + \frac{1}{5^2} + \frac{1}{5^3} + \cdots \right)$$
$$\times \cdots .$$

ただし，右辺の括弧内は，各素数に対する級数

$$1 + \frac{1}{(素数)} + \frac{1}{(素数)^2} + \frac{1}{(素数)^3} + \cdots$$

であり，右辺は，すべての素数を小さい方から順にわたらせた「素数全体にわたる積」である．

証明　右辺の展開式が左辺に等しいことを示す．右辺を展開するには，各括弧内から 1 項ずつ選んで掛け合わせればよい．

　現時点では素数が無数にあるかどうかはわからないので，右辺の括弧が無数にあるかどうかはわからない．ただし，仮に無数にあるとしても，各括弧内から項を選ぶ際に初項の 1 以外の項を無限回選んで掛け合わせた結果は 0 となる．なぜなら，1 以外の項は最大 1/2 であるから，1 以外の項を無限回掛け合わせたものは，1/2 を無限回掛け合わせたものより小さい．1/2 を無限回掛け合わせれば 0 に収束するので，それ以下の値は 0 しかない（負でないことは明らかなので）．

　したがって，右辺の展開項として現れるのは，1 以外の項を有限回のみ選び，残りはすべて 1 を選んだ項である．

　この「1 以外の項を有限回のみ選ぶ」という操作は，素数べきの組合せで自然数を構成することに相当する．これは，素因数分解にほかならない．たとえば

$$\frac{1}{12} = \frac{1}{2^2 \times 3} = \frac{1}{2^2} \times \frac{1}{3}$$

のように，素因数分解の一意性により，右辺の展開項には自然数の逆数がすべて 1 回ずつ現れる．これで，右辺と左辺が等しいことが示された．　　　　　□

　この定理から，「素数が無数に存在する」というユークリッドの定理の第二の証明が得られる．

証明（オイラーによる第二の証明） オイラー積の括弧内は，素数を p とおくと

$$1 + \frac{1}{p} + \frac{1}{p^2} + \frac{1}{p^3} + \cdots$$

であるが，これは初項 1，公比 $\frac{1}{p}$ の無限等比数列の和であるから，次式の値に収束する．

$$\frac{1}{1 - \frac{1}{p}} = \frac{p}{p-1}.$$

この値は有限である．仮に素数が有限個しかないとすると，有限の値を有限個掛けたものが調和級数となる．有限の値を有限個掛けた値は有限であるから，これは調和級数の収束を意味することになり，調和級数の発散定理に矛盾する．よって，素数は無数に存在する． □

定義（オイラー因子）

オイラー積の各素数に関する因子を，**オイラー因子**と呼ぶ．

この証明で登場した $\frac{1}{1-\frac{1}{p}} = \frac{p}{p-1}$ は，$s = 1$ のときのオイラー因子である．

おわかりのように，上の証明は背理法である．「素数が有限個しか存在しない」と仮定し，素数とは一見無関係な「調和級数の収束」という結論を得た．ユークリッドの証明と比較すると，違いは明らかだろう．

2.2　大きめの無限大

オイラーによる「第二の証明」は，単に同じ定理を別の方法で得ただけではない．精密化と一般化という，ユークリッドの方法では得られなかった 2 つの大きな進展を得ることができる．ここではまず，精密化について説明する．精密化とは，精度をよくすることである．ユークリッドの定理の「無数」は，どれくらいの大きさの無数なのか，それは，ユークリッドの方法では全くわからなかった．これに対し，オイラーの方法では，素数の個数が単に無限大であるだけでなく，その「無限大の大きさ」に踏み込んだ結論を得ることができる．

§1.3 で，以下のような無限集合の例をみた．

(1) 偶数の全体 $\{2, 4, 6, 8, 10, \cdots\}$

(2) 5 の倍数の全体 $\{5, 10, 15, 20, 25, \cdots\}$

(3) 平方数の全体 $\{1, 4, 9, 16, 25, \cdots\}$

(4) 2 べきの全体 $\{1, 2, 4, 8, 16, 32, \cdots\}$

このうち，(1)(2) はそれぞれ自然数全体の 50％，20％を占め，(3)(4) は 0％であることを紹介した．では，素数は何％を占めるのだろうか．

この問いに対し，オイラーの方法で得られる解答は，次の事実である．

- 素数は，(3) の平方数や (4) の 2 べきよりも多い．
- しかし，素数が自然数全体に占める割合は，0%である．

　つまり，(3)(4) と素数はどちらも 0%であり，パーセンテージは等しいが，同じ 0%の無限集合どうしの比較では，素数が (3)(4) よりも「たくさんある」ということである．どうしてこんなことがわかったのだろうか．それこそが，天才オイラーの秀でた発想であった．

　前節で述べた「ユークリッドの定理の第二の証明」では，調和級数が発散する事実を用いたが，オイラーはもう一歩踏み込んで，調和級数のうち，一部分をとりだした部分和に着目した．たとえば，(1) の場合，部分和は以下の形となる．

$$\frac{1}{2} + \frac{1}{4} + \frac{1}{6} + \frac{1}{8} + \cdots$$

この級数が無限大に発散することは，分母の偶数から 2 をくくりだせば，ちょうど調和級数が出てくることから証明できる．式で書けば次のようになる．

$$\frac{1}{2} + \frac{1}{4} + \frac{1}{6} + \frac{1}{8} + \cdots$$
$$= \frac{1}{2}\left(1 + \frac{1}{2} + \frac{1}{3} + \frac{1}{4} + \cdots\right) = \infty.$$

調和級数が無限大であり，偶数はその約半分だから無限大であろうと直感する人は多いだろう．この計算は，それが正しいことを表している．半分という意味では，偶数からなる部分和だけでなく，奇数の全体からなる部分和も無限

大である. 「偶数だからたまたま 2 でくくれたけど, 奇数の
ときはどうやって証明するのか」との疑問が生ずるかもし
れないが, 分母を 1 ずつ大きく変形して不等式を用いれば,
偶数のときの結果に帰着でき, 以下のように証明できる.

$$1 + \frac{1}{3} + \frac{1}{5} + \frac{1}{7} + \cdots$$
$$> \frac{1}{2} + \frac{1}{4} + \frac{1}{6} + \frac{1}{8} + \cdots = \infty.$$

なお, $A > B = \infty$ という記法は, 「$A > B$ かつ $B = \infty$」
を意味する. これより「$A = \infty$」という結論になる ($A > \infty$
ではない). これは, 有限の数 C に対し $A > B = C$ が
$A > C$ を意味するのと異なるので注意しよう.

　以上の方法を用いれば, (2) についても, 調和級数の部
分和が無限大であることは容易にわかる. 不等式を用いれ
ば, 「5 の倍数」だけでなく, 「5 で割って 1 余る自然数」に
わたる部分和など, 5 で割った余りが何であっても部分和
は無限大になることがわかる.

　次に (3)(4) を考える. より易しいのは (4) である. こ
の場合, 調和級数の部分和は次のような形となる.

$$1 + \frac{1}{2} + \frac{1}{2^2} + \frac{1}{2^3} + \frac{1}{2^4} + \cdots$$

これは, 初項 1, 公比 $\frac{1}{2}$ の等比数列の和であるから, 高校
の数学 III で習う無限等比級数の和の公式によって, 次の
ように計算できる.

$$1 + \frac{1}{2} + \frac{1}{2^2} + \frac{1}{2^3} + \frac{1}{2^4} + \cdots = \frac{1}{1 - \frac{1}{2}} = 2.$$

この値が 2 になることは，辺の長さが 1 と 2 であるような長方形の面積を，各部分を次々に半分にしていくことで表示してみてもわかる（次図）.

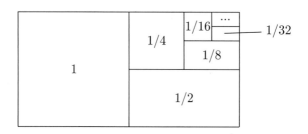

「部分和の値が 2」という結論は，「2 べきの少なさ」を如実に表しているといえる．なぜなら，調和級数は全体が無限大だからである．無限大のうちの「2」なので，きわめて小さいことがわかる．

次に (3) をみてみよう．「平方数の逆数の和」である.

$$1 + \frac{1}{2^2} + \frac{1}{3^2} + \frac{1}{4^2} + \cdots.$$

実は，これは「バーゼル問題」という名前の付いた有名な問題である．バーゼルはスイスの地名で，17〜18 世紀にベルヌーイらの著名な数学者が活躍した場所であり，数学研究の世界的な中心であった[1]．当時，無限等比級数の和だけでなく，次のような多種多様な級数の値が知られていた.

---

[1] ポール・J・ナーイン著『オイラー博士の素敵な数式』（筑摩書房，小山信也・訳，2020).

$$1 - \frac{1}{2} + \frac{1}{3} - \frac{1}{4} + \cdots = \log 2,$$

$$1 - \frac{1}{3} + \frac{1}{5} - \frac{1}{7} + \cdots = \frac{\pi}{4}.$$

こうした中,「平方数の逆数の和」はいったいいくつなのか,それを誰も求められずに数十年が経過した.この未解決問題を誰がどうやって解くのか,注目されていたのだ.そこに登場したのが若きオイラーであった.オイラーは無名時代の弱冠 27 歳のとき,この値が $\frac{\pi^2}{6}$ であることを鮮やかに求め,世界中を驚かせた.その証明の詳細は他所[2]に譲り,ここでは,この和が有限であることを示す.今の目的は,平方数が「無限の中の有限」しか占めない事実により,「無限集合の中でも極めて小さい集合」であることを実感することだからである.

　証明には,高校の数学 III で習う「部分分数分解」を用いる.

定理 [平方数の逆数の和の収束]

平方数の逆数の和
$$1 + \frac{1}{2^2} + \frac{1}{3^2} + \frac{1}{4^2} + \cdots$$
は,2 より小さい値に収束する.

証明　各々の 2 乗の部分で同じ数を 2 つ掛けているうちの

---

[2] 拙著『素数とゼータ関数』(共立出版, 2015) 定理 3.20.

1つを，1だけ小さな自然数で置き換えてから部分分数分解をする．たとえば，次のような計算を行う．

$$\frac{1}{4^2} = \frac{1}{4} \times \frac{1}{4}$$
$$< \frac{1}{3} \times \frac{1}{4}$$
$$= \frac{1}{3} - \frac{1}{4}$$

この計算を各項に対して実行すると，

$$1 + \frac{1}{2^2} + \frac{1}{3^2} + \frac{1}{4^2} + \cdots$$
$$< 1 + \left(1 - \frac{1}{2}\right) + \left(\frac{1}{2} - \frac{1}{3}\right) + \left(\frac{1}{3} - \frac{1}{4}\right) + \cdots$$
$$= 1 + 1 \underbrace{- \frac{1}{2} + \frac{1}{2}}_{0} \underbrace{- \frac{1}{3} + \frac{1}{3}}_{0} - \cdots$$
$$= 2$$

となる．最後の等号は，平方数を 1 から n^2 まで加えたとき，末項は $-\frac{1}{n}$ であり，$n \to \infty$ において 0 に収束することから成り立つ．また，n の増大に伴い，「平方数の逆数の和」は単調増加であるから，2 より小さいことが示された以上，振動することなく，収束する．以上より，平方数の逆数の和は 2 より小さい値に収束する．□

　この定理により，(3) の場合も (4) と同様，調和級数の部分和が収束することがわかった．(3)(4) いずれも，自然数全体で無限大となるうちの有限部分しか占めないので，

「平方数」「2 べき」のいずれもが，無限集合とはいえ，極めて小さな無限大であるといえる．

これに対し，素数はどうだろうか．オイラーは次の定理を証明した．

定理［素数の逆数の和の発散］（オイラー 1737）

素数の逆数の和は，発散する．すなわち，

$$\frac{1}{2} + \frac{1}{3} + \frac{1}{5} + \frac{1}{7} + \frac{1}{11} + \frac{1}{13} + \frac{1}{17} + \cdots = \infty.$$

証明　§2.1 のオイラー積により，次の等式が成り立つ．

$$1 + \frac{1}{2} + \frac{1}{3} + \frac{1}{4} + \frac{1}{5} + \frac{1}{6} + \frac{1}{7} + \frac{1}{8} + \cdots$$

$$= \left(1 + \frac{1}{2} + \frac{1}{2^2} + \frac{1}{2^3} + \cdots \right)$$

$$\times \left(1 + \frac{1}{3} + \frac{1}{3^2} + \frac{1}{3^3} + \cdots \right)$$

$$\times \left(1 + \frac{1}{5} + \frac{1}{5^2} + \frac{1}{5^3} + \cdots \right)$$

$$\times \cdots.$$

ただし，括弧内は，各素数に対する「素数のべき乗の逆数の和」であり，それをすべての素数にわたらせて掛けた無限積が右辺である．§2.1 でみたように，各素数 p の因子はオイラー因子と呼ばれ，次の形である．

$$1 + \frac{1}{p} + \frac{1}{p^2} + \frac{1}{p^3} + \cdots = \frac{1}{1 - \frac{1}{p}} = \left(1 - \frac{1}{p} \right)^{-1}.$$

よって，オイラー積の対数は次の形になる．

$$\log\left(1 + \frac{1}{2} + \frac{1}{3} + \frac{1}{4} + \frac{1}{5} + \frac{1}{6} + \frac{1}{7} + \frac{1}{8} + \cdots\right)$$

$$= \sum_p \log\left(1 - \frac{1}{p}\right)^{-1}$$

$$= -\sum_p \log\left(1 - \frac{1}{p}\right).$$

ここで，次節で説明する「対数関数のテイラー展開」を用いる．それは，次のような公式である．

$$-\log(1-X) = X + \frac{X^2}{2} + \frac{X^3}{3} + \frac{X^4}{4} + (X \text{ の } 5 \text{ 乗以上}).$$

たとえば，素数 2 の項において，

$$X = \frac{1}{2}$$

とおけば，

$$-\log\left(1 - \frac{1}{2}\right) = \frac{1}{2} + \boxed{\text{分母が } 2 \text{ の } 2 \text{ 乗以上の項の和}}$$

となる．右辺の初項の $\frac{1}{2}$ は，「X の 1 乗」の項であり，右辺の後半の $\boxed{\text{分母が } 2 \text{ の } 2 \text{ 乗以上の項の和}}$ は，X の 2 乗以上の項である．

この操作を 2 以外のすべての素数についても行い，すべての素数にわたる和をとると，調和級数の log が次の形になる．

$$\log \left(1 + \frac{1}{2} + \frac{1}{3} + \frac{1}{4} + \frac{1}{5} + \frac{1}{6} + \frac{1}{7} + \frac{1}{8} + \cdots \right)$$
$$= \left(\frac{1}{2} + \frac{1}{3} + \frac{1}{5} + \frac{1}{7} + \cdots \right)$$
$$+ \boxed{\text{分母が素数の 2 乗以上の項の和}}.$$

この式は，もともと発散していた調和級数の対数であるから，無限大である．今の目標は，右辺の括弧内（素数の逆数の和）が無限大であることの証明だが，そのためには右辺の後半である

$$\boxed{\text{分母が素数の 2 乗以上の項の和}}$$

が有限であることを示せば十分である．これは，次の補題によって示される．　　　　　　　　　　　　　□

補題

上の証明の

$$\boxed{\text{分母が素数の 2 乗以上の項の和}}$$

の部分は，有限の値に収束する．

証明　まず，

$$\boxed{\text{分母が素数の 2 乗以上の項の和}}$$

の部分を数式で記述する．テイラー展開の式を

$$-\log(1 - X) = X + \sum_{k=2}^{\infty} \frac{X^k}{k}$$

の形に書き，素数 p に対して $X = 1/p$ とおいて，次のように，テイラー展開を初項と第 2 項以降に分ける．

$$-\log\left(1 - \frac{1}{p}\right) = \frac{1}{p} + \sum_{k=2}^{\infty} \frac{1}{kp^k}.$$

この和 $\sum$ でさらに p を素数全体にわたらせた和が，今考えている

分母が素数の 2 乗以上の項の和

である．そこで，次の変形を行う．まず，k が 2 以上であるから，$\frac{1}{k}$ を $\frac{1}{2}$ で置き換え不等式を立てる．

$$\sum_{k=2}^{\infty} \frac{1}{kp^k} \leq \frac{1}{2} \sum_{k=2}^{\infty} \frac{1}{p^k}.$$

この和は初項 $1/p^2$，公比 $1/p$ の無限等比数列の和であるから，次のように不等式で上から押さえられる．

$$\sum_{k=2}^{\infty} \frac{1}{kp^k} \leq \frac{1}{2} \frac{\frac{1}{p^2}}{1 - \frac{1}{p}} = \frac{1}{2} \frac{1}{p^2 - p}.$$

この式で p を素数全体にわたらせた和が，今考えている

分母が素数の 2 乗以上の項の和

である．しかし，この和は，p を素数だけでなく 2 以上の自然数全体にわたらせても有限の値に収束することが，高

校で習う部分分数分解を使うと，次のようにしてわかる．
p を自然数の記号 $n = 2, 3, 4, 5, \cdots$ に置き直して書くと，

$$\boxed{\text{分母が素数の 2 乗以上の項の和}}$$

$$\leqq \frac{1}{2} \sum_{n=2}^{\infty} \frac{1}{n^2 - n}$$

$$= \frac{1}{2} \sum_{n=2}^{\infty} \left(\frac{1}{n-1} - \frac{1}{n} \right)$$

$$= \frac{1}{2} \left(\left(1 - \frac{1}{2} \right) + \left(\frac{1}{2} - \frac{1}{3} \right) + \left(\frac{1}{3} - \frac{1}{4} \right) + \cdots \right)$$

$$= \frac{1}{2} \left(1 - \left(\frac{1}{2} - \frac{1}{2} \right) - \left(\frac{1}{3} - \frac{1}{3} \right) - \cdots \right)$$

$$= \frac{1}{2}.$$

以上より，$\boxed{\text{分母が素数の 2 乗以上の項の和}}$ の素数全体にわたる和の収束が示された．　　　　　　　　□

今証明した「素数の逆数の和は無限大」という事実を，これまで例として挙げてきた他の無限集合 (1)〜(4) と比較し，(5) として表にまとめてみよう（次ページ）．

無限集合の大きさを比べる際，まず，自然数全体に占める割合を考えるのが素朴な発想だが，それだけでは，0%どうしを区別できない．それらを明確に区別するための一つの道具が「逆数の和」なのである．自然数全体の逆数の和は「調和級数の発散定理」でみたように無限大であるから，自然数に占める割合が正である無限集合は当然，その逆数

自然数の 無限部分集合	自然数全体に 占める割合	逆数の和 (極限)
(1) 偶数の全体	50%	∞
(2) 5 の倍数の全体	20%	∞
(3) 平方数の全体	0%	有限
(4) 2 べきの全体	0%	有限
(5) 素数の全体	0%	∞
	(§2.6 で示す)	

の和が無限大になる．しかし，0％は無限と有限に分かれるのだ．「素数の逆数の和」は無限大であり，このことは，素数が平方数や 2 べきといった他の無限集合と比べて「より多く」存在することを表している．

　ところで，「逆数の和」には，いったいどんな意義があるのだろうか．本章の冒頭ではテクニックの一つと述べたが実は，これは「数に重みを付けて数えたときの個数」を表している．「重み」は数学用語だが，一般にもよく用いられる概念である．

　たとえば，野球用語には「安打数」の他に「塁打数」があり，シングルヒットを 1，二塁打を 2，三塁打を 3，ホームランを 4 と数えて加算する．同じ安打数でも，長打が多い選手を高く評価する方法である．

　あるいは，大学の授業で学生の出欠を平常点に算入するとき，遅刻者の出席点をどのように付けるかは，教員がよく抱える悩みである．これに対して「遅刻 2 回は欠席 1 回」とみなして採点する方法がある．これも，単純な回数ではなく，遅刻に「欠席 0.5 回」という「重み」を付けた回数である．

重みには，塁打数の 2，3，4 のように「1 より大きな重み」もあれば，遅刻の 0.5 のように「1 より小さな重み」もある．「逆数」は，「1 より小さな重み」である．通常は，どの自然数も「1 個」と数えるところを，自然数 n を「$\frac{1}{n}$ 個」と，n ごとに変わる小さな重みを付けて数えた「重み付き個数」なのである．この重みの付け方は，「大きな素数ほど軽めに数える（軽視する）」ことを意味している．

では，重みの付け方は「逆数」に限るのだろうか．別の式で重みを付けたら，さらに新しい事実がわかるのだろうか．実はそれは，本書の後半の主題に直結する．先ほどみたように，「平方数の逆数の和」は有限の値に収束する．この事実を一般化し，重みの分母を大きくして，自然数 n に $\frac{1}{n^\alpha}$ $(\alpha > 1)$ という逆数より小さな重みを付けると，自然数全体にわたる和が収束することがわかる．すべてが収束し有限の値になってしまうため，この情報からは無限大の大きさについて何も得られない．これに対し，逆数よりも大きな重みを付けたとき，たとえば，自然数 n の重みを $\frac{1}{\sqrt{n}}$ としたら，何がわかるのか．こうした研究はこれまでなされてこなかった．本書の後半では，この考察によって無限個の数が持つ「分布の偏り」を記述できることを解説する．これは，§1.3 で述べた「質的分布」の解明の手がかりとなる．

2.3 テイラー展開

$x \to \infty$ における級数の発散・収束を利用して素数の謎

を解明する際に必要な数学の知識は，高校の数学で学ぶ内容でほぼ足りるが，一つだけ例外がある．それは**テイラー展開**である．これは日本を含む多くの国で，通常，理系の大学 1 年生が学ぶ内容となっている．本節では，テイラー展開の初心者向け解説を行う．

　高校の数学で登場する関数には，2 つの種類がある．「わかる表記」と「わからない表記」である．前者の例は，$y = x^2 + 3x - 5$ であり，この式は「2 個の x を掛けたものに，3 倍した x を加え，5 を引く」という操作をそのまま表現している．一方，「わからない表記」の例は $y = \log x$ や $y = \sin x$ である．$\log$ や $\sin$ の記号は，あるルールで定められており，そのルールを知らずにいくら一生懸命に式を凝視しても意味はわからない．私の想像だが，高校で数学が嫌いになったり，数学の授業についていけずに苦手意識が生まれたりする原因の一つが，「わからない表記」の壁を越えられないことであると思う．$\log$ や $\sin$ といった概念に共感できず，記号を覚える気持ちが湧かないといったケースもあるように思う．

　話は逸れたが，一言でいうと，テイラー展開とは関数の「わからない表記」を「わかる表記」に書き換える技術である．大学 1 年の授業では，ありとあらゆる関数がテイラー展開可能であることを習うが，そのうち本書で用いる公式は 2 つのみである．

　1 つは「対数関数のテイラー展開」で，こんな公式である．

$$\log(1 + x) = x - \frac{x^2}{2} + \frac{x^3}{3} - \frac{x^4}{4} + \cdots \quad (-1 < x \leq 1).$$

もう1つは「二項展開」である．これは高校で習う二項定理を拡張した式である．必ずしも整数とは限らない一般の実数 s に対し，次式で与えられる．

$$(1+x)^s = 1+sx+\frac{s(s-1)}{2}x^2+\frac{s(s-1)(s-2)}{3!}x^3+\cdots .$$

s が正の整数のときは，右辺の第 $(s+1)$ 項が因数 $s-s$，すなわち 0 を含むので 0 となり，それ以降の項はすべて 0 となるから，右辺は有限和で，二項定理と同じ式になる．これに対し，s が正の整数でないとき，たとえば，$s=-1$ や $s=1/2$ のときは，以下のような式を表す．

$$\frac{1}{1+x} = 1-x+x^2-x^3+\cdots ,$$

$$\sqrt{1+x} = 1+\frac{x}{2}-\frac{x^2}{8}+\frac{x^3}{16}-\cdots .$$

これらは，$-1 < x < 1$ でのみ成り立つ公式である．

なお，二項展開の左辺 $(1+x)^s$ は「わかる表記」だと思う人もいるかもしれない．しかし，それは s が有理数の場合を想定しているからであろう．たとえば，$s=2/3$ なら $(1+x)^s$ の表記で「$(1+x)$ の2乗の3乗根」とわかる．「2乗」は2個掛けた数，「3乗根」は3個掛けて元の数になる数のことだから「わかる表記」といえる．だが，$s=\pi$ ならどうだろう．「π 乗」の意味をきちんと理解するのは意外と難しい．しかし，このときも二項展開の右辺は，x の「自然数乗」のみで表される．これは「わかる表記」である．その意味で，二項展開も「わからない表記」

を「わかる表記」に書き換えている[3] といえる.

以下, 本節では, これらの公式の証明を解説する. 大学生が 1 年間を費やして学ぶ内容であるから簡潔にとはいかず, 解説は約 20 ページに及ぶ. ただ, 本書を通してこれから用いるテイラー展開は, 先に述べた 2 種類に限られるので, その 2 式を証明なしで認め公式として用いるなら, 以後, 本節の終わりまでの説明を読み飛ばして構わない.

高校で習う二項定理から話を始めよう. それは, $r = 0, 1, 2, \cdots$ に対する次のような展開式である.

$$(a+b)^r = \sum_{n=0}^{r} {}_r\mathrm{C}_n a^{r-n} b^n.$$

${}_r\mathrm{C}_n$ は「r 個から n 個を選ぶ組合せの総数」であり, 次式で定義される.

$$_r\mathrm{C}_n = \frac{r\,!}{n\,!\,(r-n)!}.$$

なお, 本書で用いる記号は, 高校の教科書と比較して, n と r の役割が逆になっている. 高校では, $(a+b)^n$ を一般の n に対して求めることが目標なので ${}_n\mathrm{C}_r$ を用いるのに対し, 本書は, 後でみるように, ${}_r\mathrm{C}_n$ を用いた $(a+b)^r$ の展開式の一般項の係数が重要となるため, それを「n 次の項」として記号 n をおく.

また, これまで r や n を添え字としてきた記号 ${}_r\mathrm{C}_n$

---

[3] 拙著『「数学をする」ってどういうこと?』(技術評論社, 2021) 第 25 話「実数乗とは」では, ゼータ関数導入のため, この方法で実数乗を定義した.

に代えて今後は記号 $\binom{r}{n}$ を用い，これを**二項係数**と呼ぶ．
すなわち，二項定理は次のように表される．

$$(a + b)^r = \sum_{n=0}^{r} \binom{r}{n} a^{r-n} b^n$$

$$\left(\text{ただし,}\ \binom{r}{n} = \frac{r\,!}{n\,!\,(r-n)!} \right).$$

二項定理に含まれる 2 数 a, b のうち，実は，一方が 1 の
場合に定理がわかれば十分である．その理由は，二項定理
の両辺を a^r で割り $x = \frac{b}{a}$ とおけば，両辺ともに x のみ
で表せることが，次のようにしてわかるからである．まず
左辺は，

$$\frac{(a+b)^r}{a^r} = \left(\frac{a+b}{a} \right)^r$$

$$= \left(1 + \frac{b}{a} \right)^r$$

$$= (1 + x)^r.$$

次に右辺は，

$$\frac{1}{a^r} \sum_{n=0}^{r} \binom{r}{n} a^{r-n} b^n = \sum_{n=0}^{r} \binom{r}{n} a^{-n} b^n$$

$$= \sum_{n=0}^{r} \binom{r}{n} \left(\frac{b}{a} \right)^n$$

$$= \sum_{n=0}^{r} \binom{r}{n} x^n.$$

定理を書くとき，2 文字 a, b を使うよりも，両辺を a^r で割った形で書く方が x の 1 文字だけで済み，煩雑さを避けられる．これは $(a, b) = (1, x)$ としただけの「$a = 1$ という特別な場合」ともみなせるが，その両辺を a^r 倍するだけで一般の a に対する二項定理は容易に得られるので，定理の実質的な価値が落ちることはない．

以後，本書では，1 文字 x のみを用いる記法で二項定理を表す．

二項定理

$r = 0, 1, 2, \cdots$ に対して次式が成り立つ．

$$(1 + x)^r = \sum_{n=0}^{r} \binom{r}{n} x^n.$$

証明　展開項は，

$$(1 + x)^r = \underbrace{(1 + x) \cdots (1 + x)}_{r \text{ 個の括弧}}$$

の r 個の括弧の各々から 1 または x を選んで掛け合わせたものである．$n = 0, 1, 2, \cdots, r$ に対し，r 個のうち n 個から x を選び，残りの $r - n$ 個から 1 を選ぶと x^n になる．そのような選び方は $\binom{r}{n}$ 個あるので，x^n の係数は $\binom{r}{n}$ になる．　　　　　　　　　　　　□

この証明は，単に展開しただけであり，特別な工夫はしていない．二項係数を習ったことがなくても，普通に展開すれば自然と二項係数の概念に到達するだろう．

ところが，話はこれで終わりではない．二項定理にはもう一つ，別の証明があるので紹介しよう．アイディアは単純であり，「微分して 0 を代入」という操作を繰り返すだけである．

二項定理の第二の証明　$(1 + x)^r$ は r 次の多項式だから，展開式の x^n の係数を a_n とおくと，

$$(1 + x)^r = \sum_{n=0}^{r} a_n x^n. \qquad (2.1)$$

次式を示せば定理の証明となる．

$$a_n = \binom{r}{n}.$$

以下，これを示す．(2.1) の両辺に $x = 0$ を代入すると，定数項のみが残り，他の項は 0 になることから $1 = a_0$. すなわち，これで a_0 が求められた．この結果は，二項係数を用いて

$$a_0 = 1 = \binom{r}{0}$$

と表すこともできるので，これで $n = 0$ に対して目標を達成した．

次に，(2.1) の両辺を微分すると，

$$r(1 + x)^{r-1} = \sum_{n=1}^{r} a_n n x^{n-1}. \qquad (2.2)$$

ここで再び両辺に $x = 0$ を代入すると，定数項（$n = 1$ の項）のみが残り，他の項は 0 になることから，$r = a_1$. すなわち，これで a_1 が求められた．この結果は，二項係数を用いて

$$a_1 = r = \binom{r}{1}$$

と表すこともできるので，これで $n = 1$ に対して目標を達成した．

今度は，(2.2) の両辺を微分すると，

$$r(r - 1)(1 + x)^{r-2} = \sum_{n=2}^{r} a_n n(n - 1) x^{n-2}.$$

ここで両辺に $x = 0$ を代入すると，定数項（$n = 2$ の項）のみが残り，他の項は 0 になるから，$r(r - 1) = 2a_2$. これで a_2 が求められた．この結果は，二項係数を用いて

$$a_2 = \frac{r(r - 1)}{2} = \binom{r}{2}$$

と表すこともできるので，これで $n = 2$ に対して目標を達成した．

一般に，$n = k$ に対して結論を得るには，この操作を必要なだけ繰り返せばよい．すなわち，(2.1) の両辺を k 回微分すると，k 次よりも低次の項はすべて消えてしまい，

$$r(r-1)\cdots(r-k+1)(1+x)^{r-k}$$
$$=\sum_{n=k}^{r}a_n\cdot n(n-1)\cdots(n-k+1)x^{n-k}.$$

ここで両辺に $x=0$ を代入すると，定数項（$n=k$ の項）のみが残り，他の項は 0 になるから，$r(r-1)\cdots(r-k+1)=k!\,a_k$．これで a_k が求められる．この結果は，二項係数を用いて

$$a_k=\frac{r(r-1)\cdots(r-k+1)}{k!}=\binom{r}{k}$$

と表すこともできるので，これで $n=k$ に対して目指すべき結論を得た．

以上で，すべての $n=0,1,2,\cdots,r$ に対して $a_n=\binom{r}{n}$ が示された． $\square$

この第二の証明の発想の源は，「多項式に 0 を代入すると定数項になる」という原理である．まず 0 を代入することによって定数項 a_0 がわかり，その後は「両辺を微分して 0 を代入」するごとに a_1, a_2, $\cdots$ が順にわかっていった．

この流れを数式で表すと，次のようになる．まず関数 $f(x)$ を

$$f(x)=(1+x)^r=\sum_{n=0}^{r}a_nx^n$$

とおく．a_n を求めるために，$f(x)$ を n 回微分してから $x=0$ を代入した．式で書けば

$$f^{(n)}(0) = n!\, a_n,$$

すなわち,

$$a_n = \frac{f^{(n)}(0)}{n!}$$

である. これは, 二項係数 $\binom{r}{n}$ が, 従来の「組合せの数 $_rC_n$」とは別に, 「n 階導関数」による新たな意味付けを得たことを意味する. この事実を定理として以下にまとめておく.

定理 [二項定理の高階導関数による表示]

$r = 0, 1, 2, \cdots$ とする. $f(x) = (1+x)^r$ に対し, 次式が成り立つ.

$$f(x) = \sum_{n=0}^{r} \frac{f^{(n)}(0)}{n!} x^n.$$

　この定理をじっと見ていると, おもしろいことに気づく. それは, 右辺が $x = 0$ における値だけで表されているということである. ただし, $f(0)$ だけでなく高階導関数 $f^{(n)}(0)$ も含めた値であるが, 重要なことは, 0 における様子だけで左辺の $f(x)$ が完全に決まることである. これは, 関数の見方に関する革命であるといってよい. なぜなら, 従来の常識では, 関数を表すには, すべての x に対して値を定義する必要があった. 関数を定義するとはそういうことだった. ところが, 定理の右辺では, 0 における

値たちだけで $f(x)$ が完全に表されている. すべての点における関数の値は, たった一点, 0 での様子で決まってしまっているのだ.

このニュアンスは, 人間にたとえるとわかりやすいかもしれない. 企業の人事担当者は, 採用面接で相手がどんな人間であるかを短時間で見抜く必要がある.

本来, 相手がどんな人間であるかを知るには, 24 時間一緒にいてその人のすべてを観察できればよい. しかし, そんなことは実際には不可能だ. 面接では一瞬の情報から, 相手がどんな人間であるかを見抜かなくてはならない. それには, 相手の話した言葉の字面だけでなく, 話し方や些

細なしぐさ，物腰や態度，目の表情などあらゆるデータを
考慮に入れることが必要だという．そうやって言葉の深層
に潜む考え方や心情までを見抜くことで，人物評価が可能
となる．24 時間一緒にいて人物を把握することを，すべ
ての x に対し $f(x)$ の値を知ることにたとえれば，面接の
一瞬だけ相手と接することは，$x = 0$ のときだけ $f(0)$ を
知ることに相当する．当然，$f(0)$ だけで関数 $f(x)$ を特定
することはできないが，たとえ $x = 0$ での一瞬のデータ
であっても，表面的な値 $f(0)$ だけでなく，深層に潜むも
の $(f'(0), f''(0), \cdots)$ まで知れば，関数 $f(x)$ を完全に知
ることができるのだ．この定理は，$f(x) = (1 + x)^r$ につ
いて，それが可能であることを述べている．

　そして，このアイディアを任意の関数 $f(x)$ に対して昇
華させた概念が「テイラー展開」なのである．

　その説明に入る前に，些細な疑問を一つ解決しておこう．
それは「$x = 0$ だけが特別なのか」ということだ．関数
$f(x)$ はすべての実数 x で定義されており，$x = 0$ とそれ
以外の点の間に優劣はない．だとすれば，0 での様子だけ
で $f(x)$ を表せたのと同様に，1 など他の点でも $f(x)$ を
表せるはずである．

　この指摘はまったくその通りであり，他の点でも $f(x)$
を表すことは可能である．実際の表し方は，変数の平行移
動によって解明できる．たとえば $x = 1$ で表したければ，
$t = x - 1$ とおき，$x = t + 1$ によって x を消去し，t の
関数として定理と同様の操作（微分して 0 を代入）を施せ

ばよい.

少しやってみよう. まず, $f(t+1) = (2+t)^r$ は t に関する r 次の多項式だから,

$$f(t+1) = (2+t)^r = \sum_{n=0}^{r} b_n t^n$$

と係数 b_n をおく. この式で両辺を k 回微分すると, k 次よりも低次の項はすべて消えてしまい,

$$f^{(k)}(t+1) = \sum_{n=k}^{r} b_n \cdot n(n-1) \cdots (n-k+1) t^{n-k}.$$

ここで, 右辺から定数項 ($n = k$ の項) を取り出して書くと

$$f^{(k)}(t+1) = k!\, b_k + \sum_{n=k+1}^{r} b_n \cdot n(n-1) \cdots (n-k+1) t^{n-k}.$$

両辺に $t = 0$ を代入すると, 最後の n にわたる和は 0 になるから,

$$f^{(k)}(1) = k!\, b_k.$$

すなわち, これで b_k が求められた. 結論は,

$$b_k = \frac{f^{(k)}(1)}{k!}$$

となり, 次式が成り立つ.

$$f(t+1) = (2+t)^r = \sum_{n=0}^{r} \frac{f^{(n)}(1)}{n!} t^n.$$

最終的に x の関数に戻して書くと，

$$f(x) = (1 + x)^r = \sum_{n=0}^{r} \frac{f^{(n)}(1)}{n!} (x - 1)^n$$

となる．

同じことを $x = 1$ についてだけでなく，一般の $x = a$ に対して行えば，

$$f(x) = (1 + x)^r = \sum_{n=0}^{r} \frac{f^{(n)}(a)}{n!} (x - a)^n$$

となることはすぐわかるだろう．これが，**テイラー展開**と呼ばれるものの一例である．

とくに $a = 0$ のとき，テイラー展開は**マクローリン展開**とも呼ばれる．ただ，本書では，マクローリン展開の呼称は用いず，用語をテイラー展開で統一する．その理由は，本書では $f(x) = \log(1 - x)$ を用いるからである．これは，$f(x) = \log x$ とは異なるため「対数関数のマクローリン展開」という表現は誤解を招くので用いない．

ここまで，二項定理に対して第二の証明を行い，その恩恵として，二項係数の高階導関数 $f^{(n)}(x)$ による新たな意味付けを得た．しかし，実は，第二の証明の恩恵はこれだけではない．さらに画期的な恩恵を得ることができるのである．

それは，$f(x) = (1 + x)^r$ に対する第二の証明が，「r が 0 以上の整数」という仮定を用いていないことによる．証明のアイディアは，「一般の r」にも通用するのだ．たとえ

ば，$r = -1$ なら

$$f(x) = \frac{1}{1+x}$$

という分数関数を表し，$r = \dfrac{1}{2}$ なら

$$f(x) = \sqrt{1+x}$$

という無理関数を表す．第二の証明の方針「微分して 0 を代入」において，微分公式 $(x^r)' = rx^{r-1}$ を用いたが，この公式は「一般の r」でも成り立つ．したがって，分数関数や無理関数に対しても，「微分して 0 を代入」の操作を繰り返すことで，「高階導関数 $f^{(n)}(x)$ を用いた新たな表示」を得ることができるのである．

その際，最初に注意しなければならないのは，n のわたる範囲である．r が正の整数のときは，関数 $f(x) = (1+x)^r$ は r 次の多項式であることから，n のわたる範囲は $n = 0, 1, 2, \cdots, r$ であることは明らかだった．r が分数や負の数をも含む一般の有理数のときはどうなるのだろうか．

答えを先にいってしまうと，n のわたる範囲は，0 以上のすべての整数となる．すなわち，一般の r に対して

$$f(x) = \sum_{n=0}^{\infty} \frac{f^{(n)}(0)}{n!} x^n \tag{2.3}$$

が成り立つのだ．実際，$r = 0, 1, 2, \cdots$ のときは，r より大きな回数だけ微分すると 0（すなわち，任意の $n > r$ に対し $f^{(n)}(x) = 0$）であったから，(2.3) の $\displaystyle\sum_{n=0}^{\infty}$ は $\displaystyle\sum_{n=0}^{r}$ と

同じ式となる．したがって，より広範囲の関数に対して成り立つ一般的な真理は (2.3) であり，たまたま多項式の場合に $f^{(n)}(0) = 0\,(n > r)$ のため有限和となった式が従来の二項定理であったとみなせる．なお，(2.3) のように，多項式の項数を無限個にしたものは，**べき級数**と呼ばれる．

r が負の数や有理数になったことで，いきなり無限個の $f^{(n)}(0)$ が必要になることに違和感を覚える読者もいると思うので，こうした状況で無限和が現れることがいかに自然な現象であるかを解説する．

まず r が負の数の場合，たとえば $r = -1$ のとき，$f(x) = \dfrac{1}{1+x}$ は「$(1+x)$ の逆数」すなわち「$(1+x)$ と掛けて 1 になるもの」という意味だ．そこで「1 割る $(1+x)$」を筆算で計算すると，次のようになる．

$$
\begin{array}{r}
1 - x + x^2 \cdots \\
1+x\,\overline{)\,1} \\
\underline{1 + x} \\
-x \\
\underline{-x - x^2} \\
x^2
\end{array}
$$

ここでは余り x^2 が出たところまで計算しているが，この先を続ければ，商は $1 - x + x^2 - x^3 + \cdots$ と無限に続くことがわかる．すなわち，

$$
\frac{1}{1+x} = 1 - x + x^2 - x^3 + \cdots .
$$

要するに，いくら割っても割り切れない分が無限和となって現れるのだ．これはちょうど，3 の逆数が「1 割る 3」を計算することによって

$$\frac{1}{3} = 0.333\cdots$$
$$= 0.3 + 0.03 + 0.003 + \cdots$$

と無限小数で表されるのに似ている．この場合，整数という概念に収まり切れなかった分が無限小数として表示されたわけだが，それと同じように，$\dfrac{1}{1+x}$ も，多項式という概念に収まらない分が無限和として表されたわけだ.

次に，r が分数のときに，やはり無限個の項がいかに必然的に現れるかを，$r = \frac{1}{2}$ を例にとり解説する．

$$f(x) = (1+x)^{\frac{1}{2}} = \sqrt{1+x}$$

は 2 乗して $1 + x$ になるような式のことである．仮にこれを

$$f(x) = a_0 + a_1 x + a_2 x^2 + \cdots$$

とおく．一応無限級数の形でおいたが，無限級数であることを決めつけたわけではなく，有限級数なら，ある箇所から先がすべて $a_n = 0$ である．「2 乗して $1 + x$」という性質から係数 a_n を求めてみよう．

$$\sqrt{1+x} = a_0 + a_1 x + a_2 x^2 + \cdots$$

の両辺を 2 乗して

$$1 + x = (a_0 + a_1 x + a_2 x^2 + \cdots)^2$$
$$= a_0^2 + 2a_0 a_1 x + (a_1^2 + 2a_0 a_2)x^2$$
$$+ 2(a_1 a_2 + a_0 a_3)x^3 + \cdots.$$

両辺の係数を比較して,

$$a_0 = 1,$$

$$2a_0 a_1 = 2a_1 = 1 \quad より \quad a_1 = \frac{1}{2},$$

$$a_1^2 + 2a_0 a_2 = \left(\frac{1}{2}\right)^2 + 2a_2 = 0 \quad より \quad a_2 = -\frac{1}{8},$$

$$2(a_1 a_2 + a_0 a_3) = 2\left(-\frac{1}{16} + a_3\right) = 0 \quad より \quad a_3 = \frac{1}{16}.$$

このように, $a_0, a_1, a_2, a_3, \cdots$ と順に求めていくことができる. これはちょうど, 無理数を

$$\sqrt{3} = 1.732\cdots$$

と小数に展開するのに似ている. このときも計算によって 1 桁ずつ求めていったのであった. $\sqrt{3}$ の場合に平方根をとる操作により整数の範囲に収まらなくなった部分が無限小数として現れたように, $\sqrt{1 + x}$ についても, 多項式の範囲に収まらない部分が無限級数となるのだ.

　ここで, $f(x) = \sqrt{1 + x}$ に対して上で得た係数

$$a_0 = 1, \qquad a_1 = \frac{1}{2}, \qquad a_2 = -\frac{1}{8}, \qquad a_3 = \frac{1}{16}$$

が，今の目的である (2.3) の係数に一致することを確かめ
ておこう．

$$f'(x) = \frac{1}{2}(1+x)^{-\frac{1}{2}} = \frac{1}{2\sqrt{1+x}},$$

$$f''(x) = \frac{1}{2}\left(-\frac{1}{2}\right)(1+x)^{-\frac{3}{2}} = -\frac{1}{4\sqrt{(1+x)^3}},$$

$$f'''(x) = \frac{1}{2}\left(-\frac{1}{2}\right)\left(-\frac{3}{2}\right)(1+x)^{-\frac{5}{2}} = \frac{3}{8\sqrt{(1+x)^5}}$$

であるから，

$$f'(0) = \frac{1}{2},$$

$$f''(0) = -\frac{1}{4},$$

$$f'''(0) = \frac{3}{8}$$

となり，(2.3) の係数は

$$\frac{f(0)}{0!} = 1 = a_0,$$

$$\frac{f'(0)}{1!} = \frac{1}{2} = a_1,$$

$$\frac{f''(0)}{2!} = \frac{-\dfrac{1}{4}}{2} = -\frac{1}{8} = a_2,$$

$$\frac{f'''(0)}{3!} = \frac{\dfrac{3}{8}}{3 \cdot 2} = \frac{1}{16} = a_3$$

となるので，前で求めた係数に一致する．

　以上で，$f(x) = (1+x)^r$ が多項式でない場合の表示に無限級数を用いることの説明を終わる．

　これで準備が整った．目標としてきた $f(x) = (1+x)^r$ のべき級数展開（二項展開）を，以下に与える．n 階導関数 $f^{(n)}(0)$ を用いた表示が最初に得られるが，二項係数の記号 $\binom{r}{n}$ を一般の実数 r に拡張することにより，べき級数展開がもとの二項定理と類似の形であることがわかる．まず，二項係数の定義を一般化しておく．

定義（二項係数）

r を実数，n を 0 以上の整数とするとき，記号 $\binom{r}{n}$ を次式で定義する．
$$\binom{r}{n} = \frac{r(r-1)\cdots(r-n+1)}{n!}.$$

　二項係数は $f(x) = (1+x)^r$ の n 階導関数を用いて
$$\binom{r}{n} = \frac{f^{(n)}(0)}{n!}$$
とも表せるから，二項展開は 2 通りの表記が可能である．

定理 [$(1+x)^r$ のテイラー展開（二項展開）]

r を有理数とする．$f(x) = (1+x)^r$ に対し，次の 2 つの表示が成り立つ．

$$f(x) = \sum_{n=0}^{\infty} \frac{f^{(n)}(0)}{n!} x^n$$

$$= \sum_{n=0}^{\infty} \binom{r}{n} x^n.$$

ただし，右辺の無限級数は $-1 < x < 1$ において収束し，2 式はこの範囲で成り立つ．

証明 $(1+x)^r$ を無限級数で表したときの x^n の係数を a_n とおくと，

$$f(x) = (1+x)^r = \sum_{n=0}^{\infty} a_n x^n.$$

両辺を k 回微分すると，k 次よりも低次の項はすべて消えるので，次式が成り立つ．

$$f^{(k)}(x) = r(r-1)\cdots(r-k+1)(1+x)^{r-k}$$

$$= \sum_{n=k}^{\infty} a_n \cdot n(n-1)\cdots(n-k+1)x^{n-k}.$$

両辺に $x = 0$ を代入すると，定数項（$n = k$ の項）以外の項は 0 になるから，

$$f^{(k)}(0) = r(r-1)\cdots(r-k+1) = k!\,a_k.$$

よって

$$a_k = \frac{r(r-1)\cdots(r-k+1)}{k!} = \frac{f^{(k)}(0)}{k!}.$$

定理の後半の主張である $-1 < x < 1$ における収束性は，次の補助定理で示す. □

補助定理 〔$(1+x)^r$ のテイラー展開の収束性〕

r を有理数とする. $f(x) = (1+x)^r$ のテイラー展開

$$f(x) = \sum_{n=0}^{\infty} \frac{f^{(n)}(0)}{n!} x^n$$

の右辺は $-1 < x < 1$ において収束する.

証明　ここでは，各項の絶対値をとった級数

$$\sum_{n=0}^{\infty} \left| \frac{f^{(n)}(0)}{n!} x^n \right| \tag{2.4}$$

が $-1 < x < 1$ で収束すること[4]を示す.

定理の証明で得た次の表示を用いる.

$$a_n = \frac{f^{(n)}(0)}{n!} = \frac{r(r-1)\cdots(r-n+1)}{n!}.$$

$-1 < x < 1$ なる x を一つ固定する. 約分により

---

[4] これを絶対収束と呼ぶ. 絶対収束する級数が収束することは，微分積分学でよく知られた定理であり，証明は標準的な教科書（たとえば，小山信也・中島さち子『すべての人の微分積分学　改訂版』（日本評論社，2016）定理 23.1）にみることができる.

$$\left| \frac{a_n}{a_{n-1}} \right| = \left| \frac{r-n+1}{n} \right|$$

となり，これより $n \to \infty$ の極限は，次のように求められる．

$$\lim_{n \to \infty} \left| \frac{a_n}{a_{n-1}} \right| = 1.$$

よって，十分大きな任意の n において，級数(2.4)の隣り合う 2 項の比の極限は

$$\lim_{n \to \infty} \left| \frac{a_n x^n}{a_{n-1} x^{n-1}} \right| = |x|$$

と計算できる．したがって，$|x|$ より大きな任意の実数 X をとると，n が十分大きければ，この比は次の不等式を満たす．

$$\left| \frac{a_n x^n}{a_{n-1} x^{n-1}} \right| < X$$

分母を払うと，

$$\left| a_n x^n \right| < \left| a_{n-1} x^{n-1} \right| X.$$

これは「十分大きな任意の n」に対して成り立つ不等式であるから，ある整数 N が存在して，$n \geqq N$ なる任意の n で成り立つ．

級数(2.4)の収束を示すには，$n \geqq N$ にわたる無限部分級数の収束を示せば十分である．その範囲では上の不等式を利用できるので，一般項は次のように評価できる．

$$\begin{aligned}
\left| a_n x^n \right| &< \left| a_{n-1} x^{n-1} \right| X \\
&< \left| a_{n-2} x^{n-2} \right| X^2 \\
&< \cdots \\
&< \left| a_N x^N \right| X^{n-N}.
\end{aligned}$$

よって，次のように無限等比級数で上から押さえられるので，収束する．

$$\sum_{n=N}^{\infty} \left| a_n x^n \right| < \sum_{n=N}^{\infty} \left| a_N x^N \right| X^{n-N} = \frac{\left| a_N x^N \right|}{1 - X}.$$

$\square$

本節の目標である「対数関数のテイラー展開」を求める準備が整った．以下に，それを定理[5]として述べる．

定理［対数関数のテイラー展開］

$-1 < x < 1$ のとき，次の 2 式が成り立つ．

$$\log(1 + x) = \sum_{n=1}^{\infty} \frac{(-1)^{n+1}}{n} x^n,$$

$$\log(1 - x) = -\sum_{n=1}^{\infty} \frac{x^n}{n}.$$

---

[5] 定理の仮定 $-1 < x < 1$ は必要十分条件ではなく，区間の端点においても上の式は $x = 1$，下の式は $x = -1$ で成り立つ．詳細は p.246 および拙著『「数学をする」ってどういうこと？』（技術評論社，2021）第 24 話「オイラー積の絶対収束」を参照．

証明 上の式の x を $-x$ で置き換えたものが下の式であるから，上の式のみ証明すればよい．

$f(x) = e^x$ とおくと $f'(0) = 1$ であるから，次式が成り立つ．

$$\lim_{\omega \to 0} \frac{e^\omega - 1}{\omega} = 1.$$

ω が 0 に近いとき，$\dfrac{e^\omega - 1}{\omega}$ は 1 に近いので，0 に近い実数 ε を用いて

$$\frac{e^\omega - 1}{\omega} = 1 + \varepsilon$$

とおける．ここで，ε は ω によって定まる実数で，$\omega \to 0$ のとき $\varepsilon \to 0$ である．

$-1 < x < 1$ $(x \neq 0)$ なる実数 x を一つ固定し，上の ω から定まる実数 Ω を，

$$\Omega = \frac{\log(1 + x)}{\omega}$$

とおく．$\omega \to 0$ のとき，$|\Omega| \to \infty$ である．また，対数の定義から次式が成り立つ．

$$e^\omega = (1 + x)^{\frac{1}{\Omega}}.$$

すると，

$$\log(1 + x) = \omega\Omega = ((1 + \varepsilon)\omega)\frac{\Omega}{1 + \varepsilon}$$
$$= (e^\omega - 1)\frac{\Omega}{1 + \varepsilon}$$

$$= ((1+x)^{\frac{1}{\Omega}} - 1)\frac{\Omega}{1+\varepsilon}.$$

ここで，先ほど示した二項展開より，

$$(1+x)^{\frac{1}{\Omega}} = \sum_{n=0}^{\infty} \binom{\frac{1}{\Omega}}{n} x^n$$

であるから，

$$
\begin{aligned}
\log(1+x) &= \sum_{n=1}^{\infty} \binom{\frac{1}{\Omega}}{n} x^n \frac{\Omega}{1+\varepsilon} \\
&= \sum_{n=1}^{\infty} \frac{\frac{1}{\Omega}(\frac{1}{\Omega}-1)\cdots(\frac{1}{\Omega}-n+1)}{n!} x^n \frac{\Omega}{1+\varepsilon} \\
&= \frac{1}{1+\varepsilon} \sum_{n=1}^{\infty} \frac{(\frac{1}{\Omega}-1)\cdots(\frac{1}{\Omega}-n+1)}{n!} x^n.
\end{aligned}
$$

ここで，$\omega \to 0$ とすると，$\varepsilon \to 0$ かつ $\frac{1}{\Omega} \to 0$ となるので，

$$
\begin{aligned}
\log(1+x) &= \sum_{n=1}^{\infty} \frac{(-1)(-2)\cdots(-n+1)}{n!} x^n \\
&= \sum_{n=1}^{\infty} \frac{(-1)^{n+1}}{n} x^n.
\end{aligned}
$$

$\square$

2.4　「発散の勢い」を評価する

§2.2 で，オイラーが 1737 年に発見した「素数の逆数の

和が発散する」という定理を，証明付きで紹介した．しかし，実は，オイラーはより深い事実に到達していた．実際に，オイラーの論文に書かれている定理は，もっと精密で具体的なのである．

オイラーは，「発散」の程度を数式で求め，「発散の勢い」を特定した．同じ「発散」という言葉で表せる現象の中には，「緩やかな発散」「急激な発散」などいろいろある．

たとえば，2つの関数 $f(x) = x$ と $g(x) = x^2$ は，ともに $x \to \infty$ のときに ∞ に発散するが，発散の勢いは異なり，x^2 の方が大きい．この事実は，2つの関数の比の極限をとることにより，数学的に明確に定義される．

$$\frac{f(x)}{g(x)} = \frac{x}{x^2} = \frac{1}{x} \to 0 \qquad (x \to \infty).$$

矢印を用いた「$A \to 0$」という記号は，括弧付きの $(x \to \infty)$ などと必ず一緒に用い，$\lim_{x \to \infty} A = 0$ という意味を表す．「比が 0 に収束する」ということは，$g(x)$ に比べると $f(x)$ は取るに足らない大きさであることを意味する．逆に，分母と分子を入れ替えると

$$\frac{g(x)}{f(x)} \to \infty \qquad (x \to \infty)$$

となるが，これも同じ意味を表し，「比が ∞ に発散する」とは「$f(x)$ に比べて $g(x)$ は膨大である」といったニュアンスになる．

比の極限が 0 や ∞ ではなく，有限の値に収束する場合，2つの関数の発散は「同程度の勢い」であるといえる．特

に，比が 1 に収束する場合は「分母と分子がほぼ同じ」ということだから，「挙動が等しい」とみなして良いだろう．たとえば，$f(x) = x^2 + 2x + 4$, $g(x) = x^2 + 3x + 5$ の場合，分母と分子を x^2 で割ることにより，

$$\frac{f(x)}{g(x)} = \frac{x^2 + 2x + 4}{x^2 + 3x + 5} = \frac{1 + \frac{2}{x} + \frac{4}{x^2}}{1 + \frac{3}{x} + \frac{5}{x^2}} \to 1 \quad (x \to \infty)$$

となるから，$f(x)$ と $g(x)$ は $x \to \infty$ における挙動が等しい．これを次の記号で表す．

$$f(x) \sim g(x) \qquad (x \to \infty).$$

「$\sim$」は「無限遠における等号」に近いニュアンスだが，ぴったり等しいという意味ではなく，あくまでも「比の極限値が 1 に収束する」という意味である．「$\sim$」で記述される数式は「漸近的に等しい」という意味なので，**漸近式**と呼ばれる．一般に，「$\sim$」で結ばれる関数は無数にあり，たとえば，上の $f(x)$ に対し

$$h(x) = x^2 + ax + b$$

という関数は，すべての実数 a, b に対して

$$f(x) \sim h(x) \qquad (x \to \infty).$$

を満たす．

さて，この記号「$\sim$」を用いると，オイラーが求めた「素数の逆数の和」の発散の勢いを記述できる．実は，§2.2 で与えた証明をよくみると，すでにそれができていることが

わかる．それを紹介する前に，調和級数の発散の度合いを求めておく．

定理［調和級数の挙動］

調和級数の「x 以下の自然数にわたる部分和」の $x \to \infty$ における挙動は，$\log x$ に等しい．

すなわち，x 以下の最大整数を n とおくとき，次式が成り立つ．

$$1 + \frac{1}{2} + \frac{1}{3} + \frac{1}{4} + \cdots + \frac{1}{n} \sim \log x \quad (x \to \infty).$$

証明　まず，$x = n$ のときに証明する．次式を示せばよい．

$$1 + \frac{1}{2} + \frac{1}{3} + \frac{1}{4} + \cdots + \frac{1}{n} \sim \log n \quad (n \to \infty).$$

左辺は，次図の棒グラフの面積である．

区間 $1 \leqq x < n$ において，曲線 $y = \frac{1}{x}$ のグラフの下の面積と比較することにより，次の不等式が成り立つ．

$$1 + \frac{1}{2} + \frac{1}{3} + \frac{1}{4} + \cdots + \frac{1}{n} < 1 + \int_1^n \frac{1}{x} dx.$$

右辺の積分を計算すると，次式を得る．

$$1 + \frac{1}{2} + \frac{1}{3} + \frac{1}{4} + \cdots + \frac{1}{n} < 1 + \log n.$$

この不等式は，調和級数の部分和の挙動が「$\log n$ の挙動以下」であることを意味している．

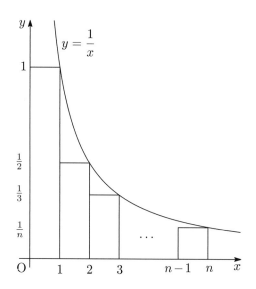

すなわち，不等式の両辺を $\log n$ で割ると，

$$\frac{1 + \frac{1}{2} + \frac{1}{3} + \frac{1}{4} + \cdots + \frac{1}{n}}{\log n} < \frac{1}{\log n} + 1$$

となり，ここで $n \to \infty$ の極限を考えると，次式が成り立つ．

$$\lim_{n \to \infty} \frac{1 + \frac{1}{2} + \frac{1}{3} + \frac{1}{4} + \cdots + \frac{1}{n}}{\log n} \leqq 1.$$

もともと等号のない不等式であっても，極限をとると等号が付くことに注意しよう（この事実は，$\frac{1}{n} > 0$ の $n \to \infty$ における極限が 0 になるといった簡単な例を考えればわ

かる).

一方，棒グラフを右に 1 だけ平行移動すると，次図を
得る.

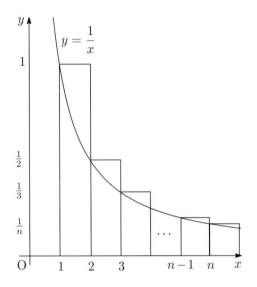

今度は，棒グラフが曲線の上にはみ出しているので，区
間 $1 \leqq x < n$ において棒グラフと曲線の下の面積を比べ
れば，逆向きの不等号が成り立つ.

$$\int_1^n \frac{1}{x}dx + \frac{1}{n} < 1 + \frac{1}{2} + \frac{1}{3} + \frac{1}{4} + \cdots + \frac{1}{n}$$

積分を計算して，

$$\log n + \frac{1}{n} < 1 + \frac{1}{2} + \frac{1}{3} + \frac{1}{4} + \cdots + \frac{1}{n}.$$

これは，調和級数の部分和の挙動が「$\log n$ の挙動以上」であることを意味している．実際，両辺を $\log n$ で割ると，

$$1 + \frac{1}{n \log n} < \frac{1 + \frac{1}{2} + \frac{1}{3} + \frac{1}{4} + \cdots + \frac{1}{n}}{\log n}$$

となり，ここで $n \to \infty$ の極限をとると，

$$1 \leq \lim_{n \to \infty} \frac{1 + \frac{1}{2} + \frac{1}{3} + \frac{1}{4} + \cdots + \frac{1}{n}}{\log n}.$$

となるからである．

　以上より，調和級数の部分和の挙動は「$\log n$ の挙動以下」であり，かつ「$\log n$ の挙動以上」である．すなわち，

$$1 \leq \lim_{n \to \infty} \frac{1 + \frac{1}{2} + \frac{1}{3} + \frac{1}{4} + \cdots + \frac{1}{n}}{\log n} \leq 1$$

であるから，

$$\lim_{n \to \infty} \frac{1 + \frac{1}{2} + \frac{1}{3} + \frac{1}{4} + \cdots + \frac{1}{n}}{\log n} = 1$$

が示された．

　次に，x が自然数と限らない一般の実数である場合に証明する．実数 x に対して，「x 以下の最大の整数 n」とは，$n \leq x < n+1$ なる整数のことである．この不等式の各辺の対数をとると，

$$\log n \leq \log x < \log(n+1).$$

各辺を $\log n$ で割ると,

$$1 \leqq \frac{\log x}{\log n} < \frac{\log(n+1)}{\log n}.$$

ここで, 右辺を次のように変形すると, $n \to \infty$ の極限が 1 であることがわかる.

$$\frac{\log(n+1)}{\log n} = \frac{\log\left(n\left(1 + \frac{1}{n}\right)\right)}{\log n}$$

$$= \frac{\log n + \log\left(1 + \frac{1}{n}\right)}{\log n} \to 1 \quad (n \to \infty).$$

よって, 不等式に戻って極限をとると, はさみうちの原理から次式を得る.

$$\lim_{n \to \infty} \frac{\log x}{\log n} = 1.$$

よって,

$$\log n \sim \log x \quad (n \to \infty)$$

であり, $n \leqq x < n+1$ より $n \to \infty$ と $x \to \infty$ は同じ極限であるから,

$$\log n \sim \log x \quad (x \to \infty)$$

も成り立つ. よって, $x = n$ のときの結果と合わせて,

$$1 + \frac{1}{2} + \frac{1}{3} + \frac{1}{4} + \cdots + \frac{1}{n} \sim \log n \quad (n \to \infty)$$

$$\sim \log x \quad (x \to \infty).$$

これで定理が証明された.　　　　　　　　　□

　今示した定理は, 調和級数が単に発散するだけでなく,
「どの程度の勢いで発散するか」ということを, 具体的な
数式で表した「定量的な評価」である. オイラーが示した
「素数の逆数の和の発散」は, 調和級数の発散定理がもとに
なっていたので, 調和級数の定量的な評価から, 素数の逆
数の和に対しても定量的な評価が得られるはずである.

　その前に「無限遠点における挙動が等しいこと」を意味
する記号「∼」の計算規則について, 一つ注意しておく.
一般に, 挙動が等しい 2 つの関数 $f(x), g(x)$ があるとき,

$$f(x) \sim g(x) \quad (x \to \infty)$$

の両辺の対数をとった

$$\log f(x) \sim \log g(x) \quad (x \to \infty)$$

は成り立つ. 証明は, 次のように容易にできる.

$$\frac{\log f(x)}{\log g(x)} = \frac{\log g(x) \frac{f(x)}{g(x)}}{\log g(x)}$$

$$= \frac{\log g(x) + \log \frac{f(x)}{g(x)}}{\log g(x)} \to 1 \quad (x \to \infty).$$

すなわち, 漸近式は両辺の対数をとっても成り立つ. しか
し, 両辺を指数にすること (たとえば 2 の肩に乗せること)
は, できない. たとえば, 反例として

$$x \sim x + 1 \quad (x \to \infty)$$

の両辺を 2 の肩に乗せた 2^x と 2^{x+1} は，一方が他方の 2 倍であるから，「比が 1」にはならない.

この計算規則は，log をとる操作には「たくさんの関数を押しなべて大まかに同じとみなす」作用があり，逆に，指数に乗せることは「わずかな差にこだわって大騒ぎする」ことに相当すると考えるとわかりやすい.

以上のことに注意して，オイラーの定理をみていく.

定理［素数の逆数の和の挙動］（オイラー 1737）

「x 以下の素数の逆数の和」の挙動は，$\log \log x$ に等しい. すなわち，x 以下の最大の素数を p とおくと，次式が成り立つ.

$$\frac{1}{2} + \frac{1}{3} + \frac{1}{5} + \frac{1}{7} + \frac{1}{11} + \frac{1}{13} + \frac{1}{17} + \cdots + \frac{1}{p} \sim \log \log x$$

$$(x \to \infty).$$

証明 はじめに，調和級数の「x 以下の自然数にわたる部分和」の対数の挙動が，オイラー積の「x 以下の素数」にわたる部分積の対数で与えられることを示す.

すなわち，x 以下の最大の自然数を n とおくとき，次式が成り立つことを示す.

$$\log \left(1 + \frac{1}{2} + \frac{1}{3} + \frac{1}{4} + \cdots + \frac{1}{n} \right)$$

$$\sim \log \left(1 + \frac{1}{2} + \frac{1}{2^2} + \frac{1}{2^3} + \cdots \right)$$

$$+ \log\left(1 + \frac{1}{3} + \frac{1}{3^2} + \frac{1}{3^3} + \cdots\right)$$

$$+ \log\left(1 + \frac{1}{5} + \frac{1}{5^2} + \frac{1}{5^3} + \cdots\right)$$

$$+ \cdots$$

$$+ \log\left(1 + \frac{1}{p} + \frac{1}{p^2} + \frac{1}{p^3} + \cdots\right) \quad (x \to \infty).$$

なお，n, p はともに「x 以下の最大のもの」として定義されるので，$x \to \infty$ の極限においては，自動的に $n \to \infty$ かつ $p \to \infty$ となっている.

この式が成り立つことを確かめるために，オイラー積の成り立ちに立ち返ってみる. オイラー積は，次のような調和級数の「丸ごと素因数分解」であった.

$$1 + \frac{1}{2} + \frac{1}{3} + \frac{1}{4} + \frac{1}{5} + \frac{1}{6} + \frac{1}{7} + \frac{1}{8} + \cdots$$

$$= \left(1 + \frac{1}{2} + \frac{1}{2^2} + \frac{1}{2^3} + \cdots\right)$$

$$\times \left(1 + \frac{1}{3} + \frac{1}{3^2} + \frac{1}{3^3} + \cdots\right)$$

$$\times \left(1 + \frac{1}{5} + \frac{1}{5^2} + \frac{1}{5^3} + \cdots\right)$$

$$\times \cdots.$$

この左辺を「x（すなわち n）以下」に制限し有限和にしたとき，右辺の「素数にわたる積」はどうなるのだろうか. 「n 以下の自然数」の素因数は「n（すなわち p）以下」で

あるから，p より大きな素数は必要ない．しかし，右辺を
「p 以下のすべての素数」にわたる有限積とすると，展開項
の中に n を超えるものが出てきて，右辺が大きくなってし
まう．すなわち，次の不等式が成り立つ．

$$1 + \frac{1}{2} + \frac{1}{3} + \frac{1}{4} + \cdots + \frac{1}{n}$$
$$\leqq \left(1 + \frac{1}{2} + \frac{1}{2^2} + \frac{1}{2^3} + \cdots \right)$$
$$\times \left(1 + \frac{1}{3} + \frac{1}{3^2} + \frac{1}{3^3} + \cdots \right)$$
$$\times \left(1 + \frac{1}{5} + \frac{1}{5^2} + \frac{1}{5^3} + \cdots \right)$$
$$\times \cdots$$
$$\times \left(1 + \frac{1}{p} + \frac{1}{p^2} + \frac{1}{p^3} + \cdots \right).$$

この不等式の両辺で $n \to \infty$ とした極限は，「すべての自
然数にわたる和」と「すべての素数にわたる積」の間の等
式となる．§2.2 で得たオイラーの定理［素数の逆数の和
の発散］の証明を思い出すと，この不等式の両辺の対数を
とったとき，右辺のテイラー展開のうち，素数が 2 回以上
掛かった項たちの総和は $x \to \infty$ の極限において有限の値
に収束した．$x \to \infty$ で発散したのは，一つのオイラー因
子から素数の逆数を選び，他のすべてのオイラー因子から
1 を選んで掛けた項の和である．すなわち，素数 2 のオイ
ラー因子から $\frac{1}{2}$ を選び，他のすべてのオイラー因子から 1
を選んだ

$$\frac{1}{2} \times 1 \times 1 \times 1 \times \cdots = \frac{1}{2},$$

素数 3 のオイラー因子から $\frac{1}{3}$ を選び，他のすべてのオイラー因子から 1 を選んだ

$$1 \times \frac{1}{3} \times 1 \times 1 \times \cdots = \frac{1}{3},$$

これを他の素数 p に対しても繰り返していき，素数 p のオイラー因子から $\frac{1}{p}$ を選び，他のすべてのオイラー因子から 1 を選んだ

$$1 \times \cdots \times 1 \times \frac{1}{p} \times 1 \times \cdots = \frac{1}{p}.$$

これらの和である

$$\frac{1}{2} + \frac{1}{3} + \frac{1}{5} + \cdots + \frac{1}{p}$$

だけが，$x \to \infty$ の極限において発散する.

したがって，前の不等式の対数は，

$$\log \left(1 + \frac{1}{2} + \frac{1}{3} + \frac{1}{4} + \cdots + \frac{1}{n} \right)$$
$$\leqq \left(\frac{1}{2} + \frac{1}{3} + \frac{1}{5} + \cdots + \frac{1}{p} \right)$$
$$+ \boxed{x \to \infty \text{ において有限の値に収束する和}}$$

となり，この不等式の両辺で $x \to \infty$ とすると，不等号は等号に限りなく近づく．前の定理（調和級数の挙動）より，左辺の挙動は $\log \log x$ であるから，目標の式

$$\frac{1}{2} + \frac{1}{3} + \frac{1}{5} + \cdots + \frac{1}{p} \sim \log\log x \quad (x \to \infty)$$

が示された. □

　今示した定理の結論である $\log\log x$ とは, どんな関数なのだろうか. p.33でみたように, 自然数 x に対し, 底が10の常用対数 $\log_{10} x$ は, x の桁数に近い値である. より正確には次の不等式が成り立つ.

$$(x \text{ の桁数}) - 1 \leqq \log_{10} x < (x \text{ の桁数}).$$

$x \to \infty$ のとき, 当然, 桁数も限りなく大きくなるが, 同じ無限大といってもその増え方は x に比べて極めて遅い. たとえば, x が1億のときの桁数9を, 1だけ増やして10にするためには, x を9億増やして10億にしなくてはならない. $\log_{10} x \to \infty$ の増加のスピードは非常に遅いことがわかる. そして, 自然対数 $\log x$ は, 底の変換公式を用いた計算により, $\log_{10} x$ の約2.3倍である.

$$\log x = \frac{\log_{10} x}{\log_{10} e} = \frac{\log_{10} x}{0.434\cdots} = 2.302\cdots \times \log_{10} x.$$

$\log_{10} x$ と $\log x$ は互いに定数倍の関係であるから増大度は似ており, $x \to \infty$ のとき $\log x \to \infty$ となるスピードも, 極めて遅いことがわかる. すると, $\log\log x$ は「桁数の桁数」と似た増大度であるから, $\log x$ よりもさらに格段に遅いスピードで発散する. 実際, これまでに知られているすべての素数の逆数の和は, 約4に過ぎない. 計算機科学の専門家によると, 今後100年で発見される素数たち

をすべて算入しても，和が 10 を超えることは到底ないだろうとのことである．$\log \log x$ とは，それほど並外れた遅さで ∞ に発散する関数なのである．

2.5　アーベルの総和公式

前節で得た「素数の逆数の和」の挙動により，「素数の個数の無限大」の大きさが，ある程度わかった．ここでは，これを用いてもっと直接的に「素数の個数関数」

$$\pi(x) = (x \text{ 以下の素数の個数})$$

の挙動を求める方法を考えてみたい．

記号 $\sum$ を用いて表すと，オイラーが求めた「素数の逆数の和」は

$$\sum_{\substack{p \leqq x \\ p:\, \text{素数}}} \frac{1}{p}$$

である．この式は，たとえば $x = 5$ なら「5 以下の素数の逆数の和」であるから次式のようになる．

$$\sum_{\substack{p \leqq 5 \\ p:\, \text{素数}}} \frac{1}{p} = \frac{1}{2} + \frac{1}{3} + \frac{1}{5}.$$

ここで，各項 $\frac{1}{2}, \frac{1}{3}, \frac{1}{5}$ をすべて 1 に置き換えると，次のようになる．

$$\sum_{\substack{p \leq 5 \\ p: \text{素数}}} 1 = 1 + 1 + 1 = 3.$$

これは「5 以下の素数の個数」である. このことから, $\pi(x)$ は次のような表示を持つことがわかる.

$$\pi(x) = \sum_{\substack{p \leq x \\ p: \text{素数}}} 1.$$

つまり,「素数の逆数の和」と $\pi(x)$ は, ともに和の形で表すことができ, 和の中身は, 前者が $\frac{1}{p}$, 後者が 1 である. すなわち, 前者からみて後者は「各項を p 倍」したものである.

これに似た状況で, 一方の挙動から他方の挙動を知る方法として有名なものに, 高校の数学 III で学ぶ「部分積分」がある. 和と積分の違いはあるが, 解法の原理は類似しているといえる.

部分積分とは, 2 つの関数 $f(x)$, $g(x)$ の積の積分を

$$\int f(x)g(x)dx = F(x)g(x) - \int F(x)g'(x)dx$$
$$(\text{ただし}, \ F'(x) = f(x))$$

と変形して求める方法である. $f(x)$ の不定積分 $F(x)$ がわかれば, $f(x)g(x)$ の積分を求められる ($F(x)g'(x)$ の積分に帰着できる) ということである.

たとえば, $f(x) = x^2$ の不定積分が

$$\int x^2 dx = \frac{x^3}{3} + C$$

であるという知識をもとに，$\log x$ が掛かったより複雑な
積分を

$$\int x^2 \log x dx = \frac{x^3}{3} \log x - \frac{1}{3} \int x^3 \frac{1}{x} dx$$

と変形して求められる．末尾の積分は容易に

$$\int x^3 \frac{1}{x} dx = \int x^2 dx = \frac{1}{3} x^3 + C$$

と計算でき，次の結果を得る．

$$\int x^2 \log x dx = \frac{x^3}{3} \log x - \frac{1}{9} x^3 + C.$$

　これは，積分という「連続的な和」に対する手法だが，
級数という「離散的な和」の場合にも，もし部分積分に相
当する公式（いわゆる「部分和の公式」）があれば，「積の
数列」の和の挙動を求めるという目的は達成できそうであ
る．それが，次に述べる「アーベルの総和公式」である．
　アーベル（1802〜1829）はノルウェー出身の数学者で
ある．肺結核により 26 歳でこの世を去るまでの短い生涯
において，莫大な数学的業績を挙げたことで知られる．彼
の最も有名な定理は「5 次以上の方程式は解の公式を持た
ない」であろう．彼の名を冠した数学用語は数多く残って
おり，現在も用いられている．アーベル群，アーベル多様
体，アーベル関数，アーベル積分など，枚挙にいとまがな

い．通常，数学用語に人名を冠するとき，固有名詞の原則にのっとり大文字で始め Abel と記すが，彼の名はあまりにも頻繁に用いられるため一般名詞化しており abel と小文字で記す習慣が定着している．2002 年には彼の名を冠したアーベル賞が創設され，賞金額はノーベル賞に匹敵し，数学の賞としては世界最高額となっている．

「アーベルの総和公式」は，彼の業績の中では初等的で，高校で習う数学の範囲内で十分に理解が可能である．

公式を記す前に，記号を準備しておく．数列 $a(n)$ $(n = 1, 2, 3, \cdots)$ の最初の N 項の和を

$$A(N) = \sum_{n=1}^{N} a(n)$$

とおく．$A(N)$ の変数を，自然数 N から実数 $x \geqq 0$ に

$$A(x) = \sum_{n \leqq x} a(n)$$

と拡張する．$0 \leqq x < 1$ のとき，$n \leqq x$ を満たす自然数 n は存在しないが，このときは $A(x) = 0$ とおく．数列 $a(n)$ が関数 $f(x)$ の離散バージョンだとすれば，$A(x)$ は定積分 $\int_1^x f(t)dt$ の離散バージョンである．このバージョンの部分積分に当たる公式が，次の定理である．

アーベルの総和公式

関数 $f(x)$ は微分可能で，かつ，$f'(x)$ は連続関数であるとする．このとき，次式が成り立つ．

$$\sum_{n=1}^{N} a(n)f(n) = A(N)f(N) - \int_{1}^{N} A(x)f'(x)dx.$$

証明　$a(n)$ を $A(N)$ で表して書き換えればよいから，

$$a(n) = A(n) - A(n-1) \qquad (n = 1, 2, 3, \cdots)$$

を代入すると，

$$\sum_{n=1}^{N} a(n)f(n) = \sum_{n=1}^{N} (A(n) - A(n-1))f(n).$$

展開して

$$\sum_{n=1}^{N} a(n)f(n) = \sum_{n=1}^{N} A(n)f(n) - \sum_{n=1}^{N} A(n-1)f(n).$$

最後の $\sum$ において $n-1$ を n に置き換えると，

$$\sum_{n=1}^{N} a(n)f(n) = \sum_{n=1}^{N} A(n)f(n) - \sum_{n=0}^{N-1} A(n)f(n+1).$$

右辺の 2 つの和は，$n = 1, 2, \cdots, N-1$ が共通だからまとめると，

$$\sum_{n=1}^{N} a(n)f(n) = A(N)f(N) - \sum_{n=1}^{N-1} A(n)(f(n+1)-f(n)).$$

ここで，$f(x)$ の仮定より，

$$f(n+1) - f(n) = \Big[f(x)\Big]_n^{n+1} = \int_n^{n+1} f'(x)dx$$

と定積分を用いて表せるから，

$$\sum_{n=1}^{N} a(n)f(n) = A(N)f(N) - \sum_{n=1}^{N-1} A(n) \int_n^{n+1} f'(x)dx.$$

$n \leqq x < n+1$ のとき，$A(n) = A(x)$ であるから，

$$\sum_{n=1}^{N} a(n)f(n) = A(N)f(N) - \sum_{n=1}^{N-1} \int_n^{n+1} A(x)f'(x)dx.$$

積分区間をつなげると，

$$\sum_{n=1}^{N} a(n)f(n) = A(N)f(N) - \int_1^{N} A(x)f'(x)dx.$$

$$\square$$

アーベルの総和公式を用いると，部分積分で「関数の積の積分」ができたのと同じ原理で，「数列の積の挙動」を求めることができる．

先ほど，部分積分の例として，既知の積分公式

$$\int x^2 dx = \frac{x^3}{3} + C$$

を用いてより複雑な積分

$$\int x^2 \log x dx$$

を求めたが，この例の離散的な類似バージョンを扱ってみよう.

関数 $f(x) = x^2$ の離散版は数列 $a(n) = n^2$ であるから，高校で習う以下の公式から出発する.

$$\sum_{k=1}^{n} k^2 = \frac{n(n+1)(2n+1)}{6}$$

整数 n を実数 x で書き換えれば，より積分に似た形の

$$\sum_{1 \leqq k \leqq x} k^2 \sim \frac{x^3}{3} \qquad (x \to \infty)$$

が成り立つ. これは，「平方数の和の挙動」として意味のある式である. ここで，左辺の k^2 を少し変えた式の振る舞いが知りたい場合，たとえば，

$$\sum_{1 \leqq k \leqq x} k^2 \log(k+1)$$

の $x \to \infty$ における振る舞いを求めてみよう.

新たに掛ける $\log(k+1)$ は，最大 $\log(x+1)$ になり得るので，可能性として

$$\sum_{1 \leqq k \leqq x} k^2 \log(k+1) \sim \frac{x^3 \log(x+1)}{3} \qquad (x \to \infty)$$

などが考えられるが，はたして正しいだろうか．

まず，アーベルの総和公式において，

$$a(n) = n^2,$$
$$f(x) = \log(x + 1)$$

とおくと，

$$A(n) = \sum_{k=1}^{n} k^2 = \frac{n(n+1)(2n+1)}{6},$$
$$f'(x) = \frac{1}{x+1}$$

であるから，これらをアーベルの総和公式に当てはめると，

$$\sum_{1 \leq k \leq x} k^2 \log(k+1) = \frac{x(x+1)(2x+1)}{6} \log(x+1)$$
$$- \int_1^x \frac{t(t+1)(2t+1)}{6} \cdot \frac{1}{t+1} dt$$

となる．右辺第 1 項の挙動は

$$\frac{x(x+1)(2x+1)}{6} \log(x+1) \sim \frac{x^3}{3} \log(x+1) \quad (x \to \infty)$$

となり，第 2 項の被積分関数は $t+1$ を約分すると 2 次式であり，積分した結果は 3 次式であるから，第 1 項よりも $\log(x+1)$ の分だけ小さい．以上より，予想通りに

$$\sum_{1 \leq k \leq x} k^2 \log(k+1) \sim \frac{x^3}{3} \log(x+1) \quad (x \to \infty)$$

が示された.

　ちなみに, $\log(x+1)$ の部分は,

$$\log(x+1) \sim \log x \quad (x \to \infty)$$

を用いると簡略化でき, より簡潔な結論

$$\sum_{1 \leqq k \leqq x} k^2 \log(k+1) \sim \frac{x^3}{3} \log x \quad (x \to \infty)$$

も成り立つ.

　今の例では, アーベルの総和公式の応用としてやや複雑な和の挙動を求めたが, アーベルの総和公式には他の応用もあるので, ここで一つ紹介しておきたい.

　微分積分学において, 高校の数学ではまず微分（導関数）を習い, その逆演算として不定積分を習い, 最後にその応用として定積分を習うのが普通である. しかし, 歴史的には順序が逆であり, 微分積分学の始祖は, アルキメデスによって最初に発見された定積分（面積や体積）であった. たしかに, 定積分の表す「広さ」「大きさ」といった概念は, 微分の表す「変化率（速度など）」よりも初等的であり, 子供にもわかる基本的な概念である.

　そこで, 微分積分学の教授法として, 定積分から教える方法がある. 微分などを経由せずに, まず定積分の公式

$$\int_0^x t^r dt = \frac{x^{r+1}}{r+1} \qquad (r = 0, 1, 2, 3, \cdots)$$

を区分求積法で証明することから始めるのである.

たとえば，$r = 2$ のとき，$y = x^2$ のグラフと x 軸の間の領域を分割する．区間 $[0, 1]$ 上の定積分を求めるには，区間 $[0, 1]$ を $x = \frac{k}{n}$ $(k = 1, 2, 3, \cdots, n)$ で n 等分し，棒グラフの面積を考える．20 等分と 100 等分の図を以下に示す．

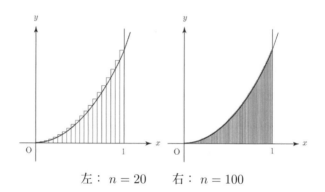

左：$n = 20$　　右：$n = 100$

個々の棒グラフは，横が $\frac{1}{n}$，縦が $\left(\frac{k}{n}\right)^2$ $(k = 1, 2, 3, \cdots, n)$ の長方形であるから，面積は次式で表される．

$$\sum_{k=1}^{n} \frac{1}{n}\left(\frac{k}{n}\right)^2 = \frac{1}{n^3}\sum_{k=1}^{n} k^2$$

右辺を，数列の和の公式

$$\sum_{k=1}^{n} k^2 = \frac{n(n+1)(2n+1)}{6}$$

を用いて計算し，$n \to \infty$ とした極限が，公式

$$\int_0^x t^2 dt = \frac{x^3}{3}$$

を与える.

　以上より, 関数 $f(x) = x^2$ の積分公式は, 数列 $a(n) = n^2$ の和の公式から得られることがわかる.

　同様に, 関数 $f(x) = x^r \ (r = 1, 2, 3, \cdots)$ の積分公式を得るには, 数列 $a(n) = n^r$ の和の公式が必要となる. すなわち, 一般の自然数 r に対する

$$\sum_{k=1}^n k^r$$

の公式である. $r = 1, 2, 3$ のときは高校で習うように,

$$\sum_{k=1}^n k = \frac{n(n+1)}{2}$$

$$\sum_{k=1}^n k^2 = \frac{n(n+1)(2n+1)}{6}$$

$$\sum_{k=1}^n k^3 = \frac{n^2(n+1)^2}{4}$$

となるが, $r \geq 4$ のときはどうなるのだろうか.

　一般の r について公式を求めるのは, それなりの手間がかかる. k^r の公式は, k^{r+1} の階差数列の和

$$\sum_{k=1}^n ((k+1)^{r+1} - k^{r+1})$$

を 2 通りに計算して得る. したがって, 二項定理を用いた

$(k+1)^{r+1}$ の展開が必要である.

　ただ,実際に用いる項は「最高次の項」と「その次の項」のみなので,二項定理を

$$(k+1)^{r+1} = k^{r+1} + (r+1)k^r + \boxed{(r-1)\ \text{次以下}}$$

の大雑把な形で用いれば,証明は可能である.それには,

$$\boxed{(r-1)\ \text{次以下}}$$

の部分を表すために「ランダウの$\overset{\text{オー}}{O}$記号」を導入し,階差数列に対する

$$(k+1)^{r+1} - k^{r+1} = (r+1)k^r + O(k^{r-1})$$

の形の評価式[6]を用いればよい.ただ,このために O 記号をわざわざ習得しなければならないのは負担ともいえるだろう.

　実は,この困難は,アーベルの総和公式で回避できる.r に関する数学的帰納法を用いて,数列 $a(k) = k^r$ の和の挙動

$$A(n) = \sum_{k=1}^{n} k^r \sim \frac{k^{r+1}}{r+1} \quad (n \to \infty)$$

の仮定から,$f(x) = x$ を掛けた数列の和の挙動

---

[6] 小山信也・中島さち子『すべての人の微分積分学　改訂版』(日本評論社,2016)では,この方法で定積分から微分積分学を解説している.

$$\sum_{k=1}^{n} a(k)f(k) = \sum_{k=1}^{n} k^{r+1} \sim \frac{n^{r+2}}{r+2} \quad (n \to \infty)$$

を，容易に証明できるからである．

実際，アーベルの総和公式から，次のように計算できる．

$$\sum_{k=1}^{n} k^{r+1} \sim \frac{n^{r+1}}{r+1}n - \int_{1}^{n} \frac{t^{r+1}}{r+1}dt \quad (n \to \infty)$$

$$\sim \frac{n^{r+2}}{r+1} - \frac{n^{r+2}}{(r+1)(r+2)} \quad (n \to \infty)$$

$$= \frac{1}{r+1}\left(1 - \frac{1}{r+2}\right)n^{r+2}$$

$$= \frac{n^{r+2}}{r+2}.$$

これによって，微分を経由せずに積分を直接導入することが可能となる．アーベルの総和公式のおかげで，微分積分学の新しい教授法が実行可能となるのである．

以上，アーベルの総和公式の効果について，2 つの応用を挙げて説明した．この公式は部分積分に比べて知名度は低いが，豊かな応用を持つ．数列の各項を何倍かして得る数列に対し，和の挙動を求めることができるのである．

この方針により，オイラーが求めた「素数の逆数の和」の挙動

$$\sum_{\substack{p \leq x \\ p: \text{素数}}} \frac{1}{p} \sim \log\log x \quad (x \to \infty).$$

から，「x 以下の素数の個数」を表す素数定理

$$\pi(x) = \sum_{\substack{p \leqq x \\ p: \text{素数}}} 1 \sim \int_2^x \frac{1}{\log t} dt \quad (x \to \infty).$$

を得られそうである．次節で，これを実践してみよう．

2.6 素数定理

前節に引き続き，記号 $a(n)$ $(n = 1, 2, 3, \cdots)$ は数列を表し，その和を

$$A(N) = \sum_{n=1}^{N} a(n)$$

とおく．

素数定理

x 以下の素数の個数を $\pi(x)$ とおくと，

$$\pi(x) \sim \int_2^x \frac{1}{\log t} dt \quad (x \to \infty).$$

発見的証明 数列 $a(n)$ を，

$$a(n) = \begin{cases} \frac{1}{n} & (n \text{ が素数のとき}) \\ 0 & (\text{それ以外のとき}) \end{cases}$$

とおくと，§2.4 で示したオイラーの定理［素数の逆数の和の挙動］より，次式が成り立つ．

$$A(x) \sim \log \log x \quad (x \to \infty).$$

また，関数 $f(x)$ を $f(x) = x$ とおくと，$f(n) = n$ より，

$$a(n)f(n) = \begin{cases} 1 & (n \text{ が素数のとき}) \\ 0 & (\text{それ以外のとき}) \end{cases}$$

であるから，自然数 x に対し，

$$\pi(x) = \sum_{n=1}^{x} a(n)f(n)$$

が成り立つ．右辺をアーベルの総和公式で変形すると，

$$\pi(x) = A(x)f(x) - \int_{1}^{x} A(t)dt$$

素数は 2 以上であることから，$1 \leqq t < 2$ においては $A(t) = 0$ なので

$$\pi(x) = A(x)f(x) - \int_{2}^{x} A(t)dt.$$

先ほど示したオイラーの定理［素数の逆数の和の挙動］を用いて変形[7]すると，

---

[7] ここでは主要項 $x \log \log x$ が打ち消し合うことのみを確認した．厳密には $\int_{2}^{x} \frac{1}{\log t} dt$ より大きなすべての項の打ち消し合いを示す必要があり，素数の逆数の和の精密な（誤差項を含む）挙動（拙著『素数とゼータ関数』（共立出版，2015）定理 1.17）の改善が必要である（後述）．

$$\pi(x) \sim x \log \log x - \int_2^x \log \log t \, dt \quad (x \to \infty).$$

この積分は，部分積分により次のように計算できる．

$$\int_2^x \log \log t \, dt = \Big[t \log \log t \Big]_2^x - \int_2^x t \frac{1}{\log t} \frac{1}{t} dt$$

$$\sim x \log \log x - \int_2^x \frac{1}{\log t} dt \quad (x \to \infty).$$

以上より，

$$\pi(x) \sim x \log \log x - \left(x \log \log x - \int_2^x \frac{1}{\log t} dt \right)$$

$$\sim \int_2^x \frac{1}{\log t} dt \quad (x \to \infty).$$

□

なお，脚注 7 で述べた「素数の逆数の和の挙動の改善」は，**ランダウの記号**（大文字と小文字の「O」）を用いると説明できる．それは，$g(x) = O(f(x))$ および $g(x) = o(f(x))$ という記号であり，$O(f(x))$ は「$f(x)$ で割った値が有界（すなわち有限の区間内）」であることを意味し，$o(f(x))$ は「$f(x)$ で割った値が 0 に収束」することを意味する．たとえば，$f(x) = x^2$ のとき，$g(x) = x^a$ に対し，

$$x^a = O(x^2) \quad (x \to \infty) \quad \text{は } a \leqq 2 \text{ と同値}$$

であり，

$$x^a = o(x^2) \quad (x \to \infty) \quad \text{は } a < 2 \text{ と同値}$$

郵 便 は が き

112-8731

講談社

ブルーバックス 行

東京都文京区音羽二丁目
十二番二十一号

|||||||||||||||||||||||||||||||||||||||||||||||||||||

愛読者カード

あなたと出版部を結ぶ通信欄として活用していきたいと存じます。
ご記入のうえご投函くださいますようお願いいたします。

（フリガナ）
ご住所　　　　　　　　　　　〒□□□-□-□□□□

（フリガナ）
お名前　　　　　　　　　　ご年齢　　　　歳

電話番号

★ブルーバックスの総合解説目録を用意しております。
　ご希望の方に進呈いたします（送料無料）。
　1 希望する　　　2 希望しない

TY 000019-2312

①**本書をどのようにしてお知りになりましたか。**
　　1　新聞・雑誌（朝・読・毎・日経・他：　　　　　　　　） 2 書店で実物を見て
　　3　インターネット（サイト名：　　　　　　　　　　） 4　X（旧Twitter）
　　5　Facebook　6　書評（媒体名：　　　　　　　　　　　　　　）
　　7　その他（　　　　　　　　　　　　　　　　　　　　　　　　）

②**本書をどこで購入しましたか。**
　　1　一般書店　2　ネット書店　3　大学生協　4　その他（　　　　　　　）

③**ご職業**　1　大学生・院生（理系・文系）　2　中高生　3　各種学校生徒
　　4　教職員(小・中・高・大・他)　5　研究職　6　会社員・公務員(技術系・事務系)
　　7　自営　8　家事専業　9　リタイア　10　その他（　　　　　　　　）

④**本書をお読みになって（複数回答可）**
　　1　専門的すぎる　2　入門的すぎる　3　適度　4　おもしろい　5　つまらない

⑤**今までにブルーバックスを何冊くらいお読みになりましたか。**
　　1　これが初めて　2　1～5冊　3　6～20冊　4　21冊以上

⑥**ブルーバックスの電子書籍を読んだことがありますか。**
　　1　読んだことがある　2　読んだことがない　3　存在を知らなかった

⑦**本書についてのご意見・ご感想、および、ブルーバックスの内容や宣伝**
　面についてのご意見・ご感想・ご希望をお聞かせください。

⑧**ブルーバックスでお読みになりたいテーマを具体的に教えてください。**
　今後の出版企画の参考にさせていただきます。

である．すなわち，大文字と小文字の O 記号の違いは，いわば「以下」と「未満」の違いであり，「同程度の無限大を含む」と「真に小さい」の差であるといえる．

　オイラーの「素数の逆数の和の挙動」はあくまで漸近式であるから，誤差がある．漸近式の両辺の差（＝誤差）の挙動を求めることで，より精密な漸近式が得られる．「素数の逆数の和」と $\log \log x$ との差（＝誤差）は，ある有限の値 a に収束する．さらに，「両辺の差」と a との差（＝誤差の誤差）が 0 に収束する勢いをランダウの記号で表した式が，脚注 7 で引用した「精密な（誤差項を含む）挙動」である．それは，次の数式で表される．

$$\sum_{\substack{p \leqq x \\ p: \text{素数}}} \frac{1}{p} = \log \log x + a + O\left(\frac{1}{\log x}\right) \quad (x \to \infty)$$

一方，素数定理の証明に必要な改善は，次式で表される．

$$\sum_{\substack{p \leqq x \\ p: \text{素数}}} \frac{1}{p} = \log \log x + a + o\left(\frac{1}{\log x}\right) \quad (x \to \infty).$$

すなわち，大文字の O 記号を小文字に改善できれば，素数定理が証明される．オイラーが研究した「素数の逆数の和」の誤差項の挙動が，「$1/\log x$ 以下」からより精密に「$1/\log x$ 未満」であることまで示せればよいのだ．この事実を，以下に定理としてまとめておく．これは，オイラーの研究が素数定理からかけ離れたものではなく，むしろオイラーが素数定理に肉薄していたことを物語っている．

定理［素数定理の十分条件］

素数の逆数の和の挙動の精密化

$$\sum_{\substack{p \leqq x \\ p:\, 素数}} \frac{1}{p} = \log\log x + a + o\left(\frac{1}{\log x}\right) \quad (x \to \infty)$$

が成り立てば，素数定理

$$\pi(x) \sim \int_2^x \frac{1}{\log t}\,dt \quad (x \to \infty).$$

が成り立つ.

証明 アーベルの総和公式を数列

$$a(n) = \begin{cases} \frac{1}{n} & (n \text{ が素数のとき}) \\ 0 & (\text{それ以外のとき}) \end{cases}$$

と関数 $f(x) = x$ に適用する.

$$a(n)f(n) = \begin{cases} 1 & (n \text{ が素数のとき}) \\ 0 & (\text{それ以外のとき}) \end{cases}$$

であるから，自然数 x に対し，

$$\pi(x) = \sum_{n=1}^{x} a(n)f(n)$$

が成り立つ. 右辺をアーベルの総和公式で変形すると（先ほどの発見的証明と同様に）次式が成り立つ.

$$\pi(x) = A(x)x - \int_2^x A(t)dt.$$

定理の仮定

$$A(x) = \log\log x + a + o\left(\frac{1}{\log x}\right)$$

を代入すると,

$$\pi(x) = x\left(\log\log x + a + o\left(\frac{1}{\log x}\right)\right)$$
$$- \int_2^x \left(\log\log t + a + o\left(\frac{1}{\log t}\right)\right) dt$$
$$= x\log\log x - \int_2^x \log\log t\, dt + o\left(\frac{x}{\log x}\right).$$

定積分は（先ほどの発見的証明でみたように）次のように計算できる.

$$\int_2^x \log\log t\, dt = x\log\log x - \int_2^x \frac{1}{\log t}dt.$$

よって,

$$\pi(x) = \int_2^x \frac{1}{\log t}dt + o\left(\frac{x}{\log x}\right)$$

であり, 部分積分により,

$$\int_2^x \frac{1}{\log t}dt = \left[\frac{t}{\log t}\right]_2^x + \int_2^x t\frac{1}{(\log t)^2}\frac{1}{t}dt$$
$$= \frac{x}{\log x} - \frac{2}{\log 2} + \int_2^x \frac{1}{(\log t)^2}dt$$

$$= \frac{x}{\log x} + o\left(\frac{x}{\log x}\right) \quad (x \to \infty)$$

であるから，次式が成り立つ.

$$\pi(x) \sim \int_2^x \frac{1}{\log t} dt \quad (x \to \infty).$$

□

　オイラーが発見した「素数の逆数の和の挙動」は，それだけでは素数定理の証明にならないとされているが，上の議論ではアーベルの総和公式を用い，具体的に欠けている部分を数学的に明らかにし，それがいかにわずかな差異であったかを明示した．アーベルの総和公式が整備されたのはオイラーの死後であるとはいえ，単純な公式であるから，この程度の変形をオイラーが生前に自力で行っていた可能性は十分にある．オイラーは論文中で素数定理を（予想としても）記していないが，「素数がどれだけたくさんあるか」という問いに対し，素数定理に肉薄する解答に達していたことは想像に難くない．

　以上が素数定理の「発見的証明」である．これによって，「素数の逆数の和の挙動」から素数定理が「ほとんど」得られることがわかった．

　一方，世界中で出版されている種々の文献では，「素数の逆数の和の挙動」を用いた素数定理の「発見的証明」が，より直感的な記述によって記載されてきた．それらは非論理的であり，「証明」とは呼べないものだが，素数定理を実

感するためには有効かもしれない．そこで，以下，そうした文献の中から，典型的な 2 つの「発見的証明」の例を紹介する．

発見的証明（その 2）[8]　§2.4 で得た定理［素数の逆数の和の挙動］

$$\sum_{\substack{p \leq x \\ p: \text{素数}}} \frac{1}{p} \sim \log \log x \quad (x \to \infty)$$

において，x を kx （$k > 1$）で置き換えると，次式が成り立つ．

$$\sum_{\substack{p \leq kx \\ p: \text{素数}}} \frac{1}{p} \sim \log \log kx \quad (x \to \infty).$$

これら 2 つの漸近式を辺々引くと，漸近式

$$\sum_{\substack{x < p \leq kx \\ p: \text{素数}}} \frac{1}{p} \sim \log \log kx - \log \log x \quad (x \to \infty).$$

が成り立つ[9]．左辺の項数は $\pi(kx) - \pi(x)$ であり，左辺の各項の大きさは，ほぼ $\frac{1}{x}$ であるから，

---

[8] S. Rubinstein-Salzedo "Could Euler Have Conjectured the Prime Number Theorem?" Mathematics Magazine **90** (2017) 355-359.

[9] 一般に，漸近式を辺々引いた式は必ずしも成り立たないが，この場合は「素数の逆数の和の精密な（誤差項付きの）挙動」（拙著『素数とゼータ関数』（共立出版，2015）定理 1.17）を用いると，成り立つことが証明できる．

$$\frac{\pi(kx) - \pi(x)}{x} \sim \log \log kx - \log \log x \quad (x \to \infty).$$

分母を払い，右辺の log を計算すると，

$$\pi(kx) - \pi(x) \sim x \log \left(1 + \frac{\log k}{\log x} \right) \quad (x \to \infty).$$

対数関数のテイラー展開より，

$$\pi(kx) - \pi(x) \sim x \frac{\log k}{\log x} \quad (x \to \infty).$$

ここで，$kx = x + 1$ すなわち $k = 1 + \frac{1}{x}$ の場合を考えると，再びテイラー展開より

$$\log k = \log \left(1 + \frac{1}{x} \right) \sim \frac{1}{x} \quad (x \to \infty)$$

であるから，次式が成り立つ．

$$\pi(x + 1) - \pi(x) \sim \frac{1}{\log x} \quad (x \to \infty).$$

よって，

$$\pi(x) = \sum_{n=1}^{x-1} (\pi(n+1) - \pi(n))$$

$$\sim \sum_{n=2}^{x-1} \frac{1}{\log n} \quad (x \to \infty).$$

ただし，最後の変形では，$\log 0$ を避けるために $n = 1$ の項を省いた（有限個の項を省いても漸近式に影響しないので，この処理は正しい）．最後の右辺は棒グラフ $\frac{1}{\log n}$

$(n = 2, 3, 4, \cdots, x - 1)$ の面積を表しているが，これは，$y = \frac{1}{\log t}$ $(2 \leq t < x)$ のグラフと t 軸の間の領域の面積に，漸近的に等しい（§2.4 定理［調和級数の挙動］の証明と同様の方法で示せる）．以上より，

$$\pi(x) \sim \int_2^x \frac{1}{\log t} dt \quad (x \to \infty).$$

$\square$

この「発見的証明」は，前半において「左辺の各項の大きさ」を「ほぼ $\frac{1}{x}$」としたところに問題がある．正しくは「$\frac{1}{kx}$ 以上，$\frac{1}{x}$ 以下」であり，定数倍程度の開きがある．漸近式は「両辺の比が 1 に収束する」という意味であり，1 が他の定数に置き換わることは素数定理の結論に重大な影響を及ぼすため，正しい証明とはいえない．

発見的証明（その 3）[10]　関数 $f(x)$ を，

$$f(x) = \log \log x$$

とおく．オイラーの定理［素数の逆数の和の挙動］は，次式で表せる．

$$\sum_{\substack{p \leq x \\ p: \text{素数}}} \frac{1}{p} \sim f(x) \quad (x \to \infty).$$

ここで，$f(x)$ の導関数

---

[10] Ed Sandifer, Infinitely many primes, MAA Online: How Euler Did It, March 2006.

$$f'(x) = \frac{1}{x \log x}$$

は，「x が 1 増えたときの，素数の逆数の和の（平均的な）増分」を表している．実際に和の増分は，x が素数のときに $\frac{1}{x}$，素数でないときに 0 であるから，「（平均的な）増分」が $\frac{1}{x \log x}$ であるということは，「素数である確率」が $\frac{1}{\log x}$ であることを意味する．よって，次式が成り立つ．

$$\pi(x) \sim \int_2^x \frac{1}{\log t} dt \quad (x \to \infty).$$

□

この議論は，「素数である確率」という未定義の概念を用いているので不完全であるが，この考え方は，素数定理に現れた定積分の理解に役立つので，以下に説明する．

素数定理に現れた積分式を**対数積分関数** (Logarithmic integral) と呼び，$\mathrm{Li}(x)$ と記す．

$$\mathrm{Li}(x) = \int_2^x \frac{1}{\log t} dt.$$

$\mathrm{Li}(x)$ の挙動を求めてみよう．先ほどみたように，まず部分積分により，次のように変形できる．

$$\begin{aligned}
\mathrm{Li}(x) &= \int_2^x \frac{1}{\log t} dt \\
&= \left[\frac{t}{\log t} \right]_2^x + \int_2^x t \frac{1}{(\log t)^2} \frac{1}{t} dt \\
&\sim \frac{x}{\log x} + \int_2^x \frac{1}{(\log t)^2} dt \quad (x \to \infty).
\end{aligned}$$

ここで，最後の積分にもう一度部分積分を用いると

$$\int_2^x \frac{1}{(\log t)^2} dt = \left[\frac{t}{(\log t)^2} \right]_2^x + \int_2^x t \frac{2}{(\log t)^3} \frac{1}{t} dt$$

$$\sim \frac{x}{(\log x)^2} + \int_2^x \frac{2}{(\log t)^3} dt \quad (x \to \infty).$$

この変形を繰り返すと，最終的に次の形になることがわかる．

$$\mathrm{Li}(x) = \frac{x}{\log x} + \boxed{\frac{x}{(\log x)\text{ の 2 乗以上}}}.$$

したがって，対数積分関数の挙動が次式で与えられる．

$$\mathrm{Li}(x) \sim \frac{x}{\log x} \quad (x \to \infty).$$

これを用いると，先ほど示した素数定理

$$\pi(x) \sim \int_2^x \frac{1}{\log t} dt \left(= \mathrm{Li}(x) \right) \quad (x \to \infty).$$

に対し，積分を用いない表記が，次のように成り立つ．

> **素数定理（書き換え）**
>
> x 以下の素数の個数を $\pi(x)$ とおくと，
>
> $$\pi(x) \sim \frac{x}{\log x} \quad (x \to \infty).$$

この表記は，対数積分関数 $\mathrm{Li}(x)$ を用いる必要がなく，

高校で習う $\log x$ のみで理解可能であるため，しばしば入門書に用いられるが，本来の形

$$\pi(x) \sim \int_2^x \frac{1}{\log t} dt \quad (x \to \infty).$$

よりも数学的な内容は劣っているので，そのことには注意する必要がある．その理由を説明しておこう．

　この「素数定理（書き換え）」の表示が，先ほどの $\mathrm{Li}(x)$ を用いた表示よりも劣っている理由は，「素数がどれだけたくさんあるか」という最初の問いに立ち返ってみるとわかる．この問いは「素数がどれくらいの頻度で発生するのか」と言い換えられる．実際の素数列をみると，数が大きくなるほど素数の割合が減っていくようにみえ，その割合を求めることが問題となる．定量的に表現するなら，「x くらいの大きさの数が素数である確率」を，x を用いて表したい．そういう見地から「素数定理（書き換え）」をみてみると，この式は，「1 から x までの整数が，確率 $1/\log x$ で素数になる」という内容を述べている．1 から x までの整数は，約 x 個（x が整数ならちょうど x 個）ある．それらの一つ一つが，確率 $1/\log x$ で素数だったとすれば，その区間の素数の個数は $x/\log x$ になるからである．

　しかし，この論理には不備がある．「1 から x までの整数」に，一律に確率 $1/\log x$ を当てはめているからである．「1 から x までの整数」の中でも，数には大小があり，1 に近い小さな数では素数は頻繁に現れ，x 付近の大きな数の素数は稀だろう．そのうち，最も素数が少数になる x

のときの確率を全体に当てはめているので，結果は素数の
「真の個数」よりも小さめになると考えられる．先ほど，対
数積分関数を部分積分で変形してわかったように，

$$\mathrm{Li}(x) = \frac{x}{\log x} + \boxed{\frac{x}{(\log x) \text{ の } 2 \text{ 乗以上}}}$$

が成り立つが，このうち右辺の枠内で記された分が算入さ
れていないのである．

　これに対し，対数積分関数は違う．「1 から x までの数」
のうち，途中の t に対して確率 $1/\log t$ を与え，t をわた
らせて積分したのが $\mathrm{Li}(x)$ である．これは，すべての数を
平等に扱った公正な計算法であるといえる．

　計算機で実際の素数の個数を調べてみても，$\mathrm{Li}(x)$ の方
が $x/\log x$ より良い近似となっている．

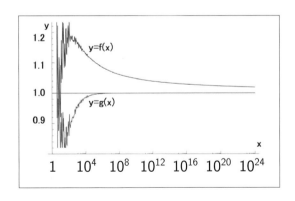

117

図の 2 本のグラフ[11] は，上側が

$$f(x) = \frac{\pi(x)}{\frac{x}{\log x}},$$

下側が

$$g(x) = \frac{\pi(x)}{\mathrm{Li}(x)}$$

である．$x \to \infty$ のとき，両者とも 1 に収束するが，$g(x)$ の方がより早く 1 に接近していることがみてとれる．

したがって，$x \to \infty$ における素数定理 $\pi(x) \sim \mathrm{Li}(x)$ とその書き換え $\pi(x) \sim \frac{x}{\log x}$ のうち，$\pi(x)$ をよりよく表しているのは前者であり，$\pi(x)$ の真の姿は $\mathrm{Li}(x)$ により近いことがわかる．以上のことから，素数定理が次のような意味合いを持つこともわかる．

大きさが x くらいの数が素数である確率は，平均的に $1/\log x$ である

このことを用いると「自然数全体の中に占める素数の割合（自然密度）が 0% である」という事実も証明できるので，以下に定理の形で掲げておく．この定理は，§2.2 の表中で「後で示す」としていた事実に相当する．

---

[11] 出典：Wikipedia（英語版）prime number theorem

┌─ **定理［素数の密度］** ──────────

自然数全体に占める素数の割合（密度）は 0% である．
すなわち，次式が成り立つ．

$$\lim_{x \to \infty} \frac{x \text{ 以下の素数の個数}}{x \text{ 以下の自然数の個数}} = 0$$

└──────────────────────────

証明　素数定理より，定理の左辺の極限は，次のように
なる．

$$\frac{x \text{ 以下の素数の個数}}{x \text{ 以下の自然数の個数}} \sim \frac{\frac{x}{\log x}}{x} = \frac{1}{\log x} \to 0$$

$$(x \to \infty)$$

□

第 **3** 章

素数の不規則さ とオイラーの 着想

素数の特徴の一つは，何事にも支配されない
「不規則な分布」にある．その性質を定式化し
証明することは今なお残る未解決問題だ．オ
イラーはこの不規則さを「素数を 4 で割った
余り」で表現した．一見シンプルにも思える
その着想をひも解きながら，浮かび上がる質
的分布の問題のイメージをつかもう．

ユークリッドの定理にオイラーが第二の証明を与えたことで，素数の謎の解明は，「精密化」と「一般化」の2つの側面で進展した．前章では，そのうち精密化について，詳しく解説した．それは「素数はどれだけたくさんあるか」という「量的分布」に関する進展であった．

本章では，もう一つの側面である「一般化」を解説する．これは，素数が「どんなふうに分布しているか」，すなわち，素数分布の「不規則さ」「ランダムさ」を解明しようとする試みであり，史上初めて素数の「質的分布」に踏み込んだ結果であるといえる．

オイラーは，次の事実を発見した．

- 「4で割って1余る素数」は無数に存在し，それらの逆数の和は無限大に発散し，x 以下の和は漸近的に $\frac{1}{2} \log \log x$ に等しい．

- 「4で割って3余る素数」は無数に存在し，それらの逆数の和は無限大に発散し，x 以下の和は漸近的に $\frac{1}{2} \log \log x$ に等しい．

つまり，素数を4で割った余りは，1と3が平等に現れるということである．まず，これらが「質的分布」とどのように関わっているのかを説明する．

自然数を4で割ると，余りは，0，1，2，3のいずれかと

なるが，このうち，余り 0 のものは 4 の倍数だから素数で
はない．また，余り 2 のものは偶数だから，素数は最初の
素数 2 のみである．よって，2 を除くすべての素数は，4
で割った余りが 1，3 のいずれかとなる．

さて，素数の分布は「何物にも支配されない」と考えら
れており，素数は「不規則」「バラバラ」「ランダム」など
と形容されることが多い．それらは，数学的に厳密に定義
された言葉ではないが，素数分布の不規則性，ランダム性
を定式化し証明することは，古代から現代に至るまで，整
数論の根底に横たわる未解決問題である．

たとえば，「差が 2 の素数の組（双子素数）は無数に存
在する」という**双子素数予想**がある．なぜ双子素数が無数
に存在すると，人は思うのか．それは，素数に「2 を足す」
という操作が「素数かどうか」に影響を与えないという意
味で，素数の分布の「何物にも支配されない」という性質
を表しているからである．仮に双子素数が有限個しかない
とすれば，「2 を足す」ことが「素数でなくする」効果を持
つことになり，素数の不規則性に反するのである．当然，
何を足しても良いわけではなく，たとえば「差が 3 の素数
の組」は一つしかない．なぜなら，差が 3 の組は一方が偶
数，他方が奇数となるが，偶数の素数は 2 のみであるから，
奇数の方は「2 との差が 3 であるような素数」に限られ，5
に確定するからである．このように，素数の分布の不規則
さは「完全なランダム」ではなく，ある程度の自明な規則
には縛られている．しかし，自明な規則を除けばランダム
であるとの考えが，人間が抱く根源的な感覚なのである．

オイラーが「4 で割った余り」に注目したのも、そうした考えから来ていると思われる。無数にある素数を「4 で割った余り」で分類したときに、「1 余る素数」と「3 余る素数」が平等に現れることは、素数の不規則性、ランダム性の一つの表現となるのである。

しかし、「なぜ 4 なのか」との疑問がわくかもしれない。それはまっとうな疑問である。実は、4 は特別な数ではない。一般に「q で割って a 余る素数」は、q と a の最大公約数が 1 である限り、いつでも無数に存在することが、オイラーの没後 50 年以上を経た 1837 年にディリクレによって証明された。これをディリクレの**算術級数定理**と呼ぶ。算術級数とは等差数列の別名（英語の直訳）だが、こう呼ばれる理由は、ディリクレの定理が次のように言い換えられるからである。

> q と a の最大公約数が 1 ならば、初項 a、公差 q
> の等差数列中に、無数の素数が存在する。

この定理は、$q = a = 1$ の場合、素数全体の無限性を表すユークリッドの定理と一致する。その意味で、これはユークリッドの定理を含み、それをより広く一般的な場面で成り立つ形に拡張した命題である。これが「一般化」であり、数学研究において「精密化」とは別の方向の進展である。

オイラーの時代には、一般的な議論をするための記法が未発達であったこともあり、オイラー自身は $q = 4$ などのいくつかの小さな q のみ扱い、他の q については結果を予

想するにとどめている．実際にオイラーによって記されている予想に，次のようなものがある．

- 「100 で割って 1 余る素数」は無数に存在し，それらの逆数の和は無限大に発散する．

一般の q に対する算術級数定理は，のちにディリクレによって証明されたが，その方法は，オイラーの証明方針を一般的な記法を用いて整理し拡張したものだった．したがって，ユークリッドの定理の「精密化」と「一般化」という 2 つの発展の端緒は，どちらもオイラーの着想によってもたらされたといえる．

　ここでは，$q = 4$ の場合にオイラーが得た成果を紹介する．まず，以下の事実を説明する．

- 「4 で割って 1 余る素数」と「4 で割って 3 余る素数」はいずれも無数に存在し，逆数の和は無限大に発散する．

　以後，素数 2 を除くことにし，奇数の素数のみを考える．素因数 2 を持たない自然数の全体は，奇数の全体と一致する．そこで，調和級数の代わりに「すべての奇数の逆数の和」を扱う．

$$1 + \frac{1}{3} + \frac{1}{5} + \frac{1}{7} + \frac{1}{9} + \frac{1}{11} + \frac{1}{13} + \cdots.$$

奇数とは「素因数分解に 2 が登場しない自然数」のことであるから，この級数は，調和級数のオイラー積から素数 2 の因子を除いた形のオイラー積を持つ．すなわち，

$$1 + \frac{1}{3} + \frac{1}{5} + \frac{1}{7} + \frac{1}{9} + \frac{1}{11} + \frac{1}{13} + \cdots$$
$$= \left(1 + \frac{1}{3} + \frac{1}{3^2} + \frac{1}{3^3} + \cdots \right)$$
$$\times \left(1 + \frac{1}{5} + \frac{1}{5^2} + \frac{1}{5^3} + \cdots \right)$$
$$\times \left(1 + \frac{1}{7} + \frac{1}{7^2} + \frac{1}{7^3} + \cdots \right)$$
$$\times \left(1 + \frac{1}{11} + \frac{1}{11^2} + \frac{1}{11^3} + \cdots \right)$$
$$\times \cdots .$$

ただし，右辺の括弧内は，3 以上の各素数に対する級数

$$1 + \frac{1}{(素数)} + \frac{1}{(素数)^2} + \frac{1}{(素数)^3} + \cdots$$

であり，右辺は，3 以上の素数を小さい方から順にわたらせた「奇数の素数全体にわたる積」である．

この「奇数の逆数の和」は，「自然数全体の逆数の和」の約半分であると考えられるので，無限大に発散し，発散の程度は調和級数の半分である．実際，次の定理が成り立つ．

> ## 定理［奇数の逆数の和の挙動］
>
> 「x 以下の奇数の逆数の和」の $x \to \infty$ における挙動
> は，$\frac{1}{2} \log x$ に等しい．すなわち，x 以下の最大の奇
> 数を n とおくとき，次式が成り立つ．
>
> $$1 + \frac{1}{3} + \frac{1}{5} + \frac{1}{7} + \cdots + \frac{1}{n} \sim \frac{1}{2} \log x \quad (x \to \infty).$$

証明　$x = n$ のときに証明すれば，あとは§2.4 の定理［調和級数の挙動］の証明で示したように，

$$\log x \sim \log n \quad (x \to \infty).$$

であることから，証明を終わる．

　以下，$x = n$ のときに証明する．次式を示せばよい．

$$1 + \frac{1}{3} + \frac{1}{5} + \frac{1}{7} + \cdots + \frac{1}{n} \sim \frac{1}{2} \log n \quad (x \to \infty).$$

はじめに「偶数の逆数の和」の挙動を調べる．これは，§2.4
の定理［調和級数の挙動］を用いることにより容易に求められる．すなわち，偶数 m に対し，次式が成り立つ．

$$\begin{aligned}
&\frac{1}{2} + \frac{1}{4} + \frac{1}{6} + \cdots + \frac{1}{m} \\
&= \frac{1}{2} \left(1 + \frac{1}{2} + \frac{1}{3} + \cdots + \frac{1}{\frac{m}{2}} \right) \\
&\sim \frac{1}{2} \log \frac{m}{2} \quad (x \to \infty) \\
&\sim \frac{1}{2} \log m \quad (x \to \infty).
\end{aligned}$$

この結果を用い，奇数を偶数で挟むことにより，「奇数の逆

数の和」の挙動が求められる. まず, 分母を $1 \to 2, 3 \to 4,$ $5 \to 6$ などと 1 だけ増やすことにより,

$$1 + \frac{1}{3} + \frac{1}{5} + \frac{1}{7} + \cdots + \frac{1}{n}$$
$$> \frac{1}{2} + \frac{1}{4} + \frac{1}{6} + \cdots + \frac{1}{n+1}$$
$$\sim \frac{1}{2} \log(n+1) \quad (x \to \infty)$$
$$\sim \frac{1}{2} \log n \quad (x \to \infty).$$

$\sim$ の定義より,

$$\frac{1 + \frac{1}{3} + \frac{1}{5} + \frac{1}{7} + \cdots + \frac{1}{n}}{\frac{1}{2} \log n}$$
$$> \frac{\frac{1}{2} + \frac{1}{4} + \frac{1}{6} + \cdots + \frac{1}{n+1}}{\frac{1}{2} \log n}$$
$$\to 1 \quad (x \to \infty).$$

次に, 第 2 項以降の分母を 1 だけ減らすことにより,

$$1 + \frac{1}{3} + \frac{1}{5} + \cdots + \frac{1}{n}$$
$$< 1 + \frac{1}{2} + \frac{1}{4} + \frac{1}{6} + \cdots + \frac{1}{n-1}$$
$$\sim \frac{1}{2} \log(n-1) \quad (x \to \infty)$$
$$\sim \frac{1}{2} \log n \quad (x \to \infty).$$

再び, $\sim$ の定義より,

$$\frac{1 + \frac{1}{3} + \frac{1}{5} + \frac{1}{7} + \cdots + \frac{1}{n}}{\frac{1}{2} \log n}$$

$$< \frac{1 + \frac{1}{2} + \frac{1}{4} + \frac{1}{6} + \cdots + \frac{1}{n-1}}{\frac{1}{2} \log n}$$

$$\to 1 \quad (x \to \infty).$$

よって，はさみうちの原理により

$$\frac{1 + \frac{1}{3} + \frac{1}{5} + \frac{1}{7} + \cdots + \frac{1}{n}}{\frac{1}{2} \log n} \to 1 \quad (x \to \infty).$$

ゆえに

$$1 + \frac{1}{3} + \frac{1}{5} + \frac{1}{7} + \cdots + \frac{1}{n} \sim \frac{1}{2} \log n \quad (x \to \infty).$$

$\square$

これで「奇数の逆数の和」の挙動がわかった．次にオイラーは，この級数の符号を，一つ置きにマイナスに付け替えた次のような級数を考えた．

$$1 - \frac{1}{3} + \frac{1}{5} - \frac{1}{7} + \frac{1}{9} - \frac{1}{11} + \frac{1}{13} - \cdots .$$

これを，**オイラーの L 級数** と呼ぶ．各項の符号は，分母が

• 4 で割って 1 余る奇数のとき　　　＋

• 4 で割って 3 余る奇数のとき　　　−

となっている．この符号は，奇数 n に対する一般式で，

$$(-1)^{\frac{n-1}{2}}$$

とも表せる．実際，n が「4 で割って 1 余る奇数」のとき，$n = 4k + 1$ とおけば，

$$(-1)^{\frac{n-1}{2}} = (-1)^{2k} = ((-1)^2)^k = 1^k = 1.$$

また，n が「4 で割って 3 余る奇数」のとき，$n = 4k + 3$ とおけば，

$$(-1)^{\frac{n-1}{2}} = (-1)^{2k+1} = ((-1)^2)^k \times (-1) = -1$$

となり，定義と合致する．この級数の値は，1400 年頃にインドの数学者マーダヴァ[1] によって得られた．結果を以下に定理として記す．

定理［オイラーの L 級数の値］（マーダヴァ）

$$1 - \frac{1}{3} + \frac{1}{5} - \frac{1}{7} + \frac{1}{9} - \frac{1}{11} + \frac{1}{13} - \cdots = \frac{\pi}{4}.$$

証明 次の定積分を 2 通りの方法で計算する．

$$\int_0^1 \frac{1}{1 + x^2}\, dx.$$

一つ目は，$x = \tan\theta$ による置換積分であり，次のようになる．

---

[1] 発見者は長らくライプニッツとされてきたが，近年の研究によりマーダヴァであることがわかった．詳細は拙著『リーマン教授にインタビューする－ゼータの起源から深リーマン予想まで－』（青土社，2018）第 1 章を参照．

$$\int_0^1 \frac{1}{1+x^2}\,dx = \int_0^{\frac{\pi}{4}} \frac{1}{1+\tan^2\theta} \frac{d\theta}{\cos^2\theta}\,d\theta$$

$$= \int_0^{\frac{\pi}{4}} d\theta = \frac{\pi}{4}.$$

二つ目は, $|x|<1$ において成り立つ無限等比数列の和の式

$$\frac{1}{1+x^2} = 1 - x^2 + x^4 - x^6 + \cdots$$

を用いた変形で, 次のようになる.

$$\int_0^1 \frac{1}{1+x^2}\,dx = \int_0^1 (1 - x^2 + x^4 - x^6 + \cdots)\,dx$$

$$= \left[x - \frac{x^3}{3} + \frac{x^5}{5} - \frac{x^7}{7} + \cdots \right]_0^1$$

$$= 1 - \frac{1}{3} + \frac{1}{5} - \frac{1}{7} + \cdots.$$

これは, 今示している定理の左辺に一致する. 定積分 $\int_0^1 \frac{1}{1+x^2}\,dx$ は, 最初の置換積分で $\pi/4$ と求められていたが, これが二つ目の計算によって今求めたい級数に等しいことがわかった. したがって, 次式を得る.

$$1 - \frac{1}{3} + \frac{1}{5} - \frac{1}{7} + \cdots = \frac{\pi}{4}.$$

□

　次に, この L 級数のオイラー積について調べよう. オイラー積とは, 調和級数を「丸ごと素因数分解」し, 素数にわたる積として表したものだった. そのような表示が可能であった理由は, 各項が素因数分解され, 分母の各自然

数が素数のべき乗の組合せと対応していたからであった.
たとえば, $n = 75$ の項は, $75 = 3 \times 5^2$ という素因数分解によって

$$\frac{1}{75} = \frac{1}{3} \times \frac{1}{5^2}$$

となるので, 素数 3 のオイラー因子から $\frac{1}{3}$ を選び, 素数 5 のオイラー因子から $\frac{1}{5^2}$ を選び, 他のすべてのオイラー因子から 1 を選んで掛け合わせた展開項に対応していた.

もし, このようなことが L 級数に対してもできれば, オイラー積で表示できる. そして, ここで考えなければならない問題は, 各項に符号が付いた場合に符号も含めて素因数分解できるかどうかである. たとえば, $n = 75$ は「4 で割って 3 余る奇数」であるから, 符号は $-$ である. 一方, 素因数 3 の符号は $-$, 素因数 5 の符号は $+$ である. これより,

$$-\frac{1}{75} = \left(-\frac{1}{3}\right) \times \frac{1}{5^2}$$

が成り立っているので, $n = 75$ の項は, 符号も含めて素因数分解ができている.

これと同じことが, 任意の n について成り立てば, オイラー積の存在を示せる. それには, 奇数 n の項の符号の一般式 $(-1)^{\frac{n-1}{2}}$ を用いればよい. 奇数 n が $n = mk$ と, 2 つの奇数 m, k の積に分解されるとする. このとき, 奇数 n の符号は

$$(-1)^{\frac{n-1}{2}} = (-1)^{\frac{mk-1}{2}}$$

である．一方，2 つの奇数 m, k の符号の積は，

$$(-1)^{\frac{m-1}{2}} \times (-1)^{\frac{k-1}{2}} = (-1)^{\frac{m+k-2}{2}}$$

である．この 2 つが一致するためには，(-1) の指数の偶奇が一致すればよい．「偶奇が一致」は「差が偶数」と同値であるから，差を計算してみると，

$$\frac{mk-1}{2} - \frac{m+k-2}{2} = \frac{(m-1)(k-1)}{2}.$$

m, k はともに奇数だから，$m-1, k-1$ はともに偶数である．よって，$(m-1)(k-1)$ は 4 の倍数であり，最後に得た分数が偶数であることがわかる．

　以上のことから，L 級数がオイラー積に分解されることがわかった．この結果を定理としてまとめておく．

次の等式が成り立つ.

$$1 - \frac{1}{3} + \frac{1}{5} - \frac{1}{7} + \frac{1}{9} - \frac{1}{11} + \frac{1}{13} - \cdots$$

$$= \left(1 - \frac{1}{3} + \frac{1}{3^2} - \frac{1}{3^3} + \cdots \right)$$

$$\times \left(1 + \frac{1}{5} + \frac{1}{5^2} + \frac{1}{5^3} + \cdots \right)$$

$$\times \left(1 - \frac{1}{7} + \frac{1}{7^2} - \frac{1}{7^3} + \cdots \right)$$

$$\times \left(1 - \frac{1}{11} + \frac{1}{11^2} - \frac{1}{11^3} + \cdots \right)$$

$$\times \cdots.$$

ただし，右辺の括弧内は，各素数 p に対する級数

$$1 + \frac{(-1)^{\frac{p-1}{2}}}{p} + \left(\frac{(-1)^{\frac{p-1}{2}}}{p} \right)^2 + \left(\frac{(-1)^{\frac{p-1}{2}}}{p} \right)^3 + \cdots$$

であり，右辺は，3 以上の素数を小さい方から順にわたらせた「奇数の素数全体にわたる積」である.

　第 2 章では，調和級数のオイラー積から「素数の逆数の和」の挙動を求めた．その方法は，

　　　　調和級数 ＝ 素数にわたるオイラー積

の両辺の対数をとり，

$$\log(\text{調和級数}) = \log \text{たちの素数にわたる和}$$

とした上で，右辺の $\log$ のテイラー展開のうち，分母が 2 乗以上の項の和が収束することから，分母が 1 乗の項のみが残ったのであった．そして，調和級数を「x 以下」に制限した部分和は

$$\text{調和級数の } x \text{ 以下の部分和} \sim \log x \quad (x \to \infty)$$

であることから，

$$x \text{ 以下の素数の逆数の和} \sim \log \log x \quad (x \to \infty)$$

が得られたのだった．これと同じ方法を前ページの定理に適用すると「奇素数（＝奇数の素数）の逆数に符号を付けた和」の収束が証明できる．

定理［奇素数の逆数の符号付き和］

次の級数は収束する．

$$\sum_{p: \text{奇素数}} \frac{(-1)^{\frac{p-1}{2}}}{p} = -\frac{1}{3} + \frac{1}{5} - \frac{1}{7} - \frac{1}{11} + \frac{1}{13} + \cdots .$$

証明　今示した 2 つの定理［オイラーの L 級数の値］と［L 級数のオイラー積表示］より，次式が成り立つ．

$$\frac{\pi}{4} = \left(1 - \frac{1}{3} + \frac{1}{3^2} - \frac{1}{3^3} + \cdots \right)$$
$$\times \left(1 + \frac{1}{5} + \frac{1}{5^2} + \frac{1}{5^3} + \cdots \right)$$

$$\times \left(1 - \frac{1}{7} + \frac{1}{7^2} - \frac{1}{7^3} + \cdots \right)$$

$$\times \left(1 - \frac{1}{11} + \frac{1}{11^2} - \frac{1}{11^3} + \cdots \right)$$

$$\times \cdots.$$

両辺の対数をとることにより，右辺の対数が収束することがわかる．素数 p のオイラー因子の対数をテイラー展開を用いて変形すると，

$$\log \left(1 + \frac{(-1)^{\frac{p-1}{2}}}{p} + \left(\frac{(-1)^{\frac{p-1}{2}}}{p}\right)^2 + \cdots \right)$$

$$= \frac{(-1)^{\frac{p-1}{2}}}{p} + \boxed{\frac{(-1)^{\frac{p-1}{2}}}{p} \text{ の 2 乗以上}}$$

の形をしている．枠内の和が収束し，なおかつ，その素数全体にわたる和も収束することは，第 2 章の定理［素数の逆数の和の発散］の証明で示した補題と同様にして示される（唯一の違いは符号 $(-1)^{\frac{p-1}{2}}$ が付くことだが，証明では収束を示すために各項の絶対値をとった「絶対収束」を示すので影響はない）．

　よって，この式で p を奇数の素数全体にわたらせて和をとると，

$$\log \frac{\pi}{4} = \sum_{p:\text{奇素数}} \frac{(-1)^{\frac{p-1}{2}}}{p} + \boxed{\text{有限}}$$

となるので, 右辺の奇素数にわたる級数の収束が示された. □

この定理で収束を示した級数の値については, 証明中の枠内で「有限」と記した部分の値がわからない限り明確な表示を得ることはできないが, オイラーは数値計算により

$$\sum_{p:\ 奇素数} \frac{(-1)^{\frac{p-1}{2}}}{p} = -0.3349816\cdots$$

となることを述べている.

3.2 算術級数定理 ($q = 4$)

これで, 算術級数定理を $q = 4$ の場合に証明する準備が整った. 定理の主張は, まず「4 で割って 1 余る素数」と「4 で割って 3 余る素数」がどちらも無数に存在すること, そして, それらの逆数の和の挙動が, どちらも「x 以下において $\frac{1}{2} \log \log x$」に等しいことである. すなわち,「4 で割って 1 余る素数」あるいは「4 で割って 3 余る素数」で, x 以下の最大のものを p とおくと, 漸近式

$$\frac{1}{5} + \frac{1}{13} + \frac{1}{17} + \cdots + \frac{1}{p} \sim \frac{1}{2} \log \log x \quad (x \to \infty)$$

および

$$\frac{1}{3} + \frac{1}{7} + \frac{1}{11} + \cdots + \frac{1}{p} \sim \frac{1}{2} \log \log x \quad (x \to \infty).$$

が成り立つことを示す. ここで, 各級数の分母の数列

$$5,\ 13,\ 17,\ \cdots$$

$$3,\ 7,\ 11,\ \cdots$$

は，それぞれ「4 で割って 1 余る素数」，「4 で割って 3 余る素数」である．定理を述べる前に，こうした特定の性質を持った素数にわたる和を表記するための記号を導入しておく．

一般に，素数 p を 4 で割った余りが a であることを，

$$p \equiv a \pmod 4$$

で表し，「4 で割って a 余る素数 p のうち x 以下のものにわたる和」$(a = 1, 3)$ を，記号

$$\sum_{\substack{p \leq x \\ p \equiv a (\mathrm{mod}\ 4)}}$$

で表す．各漸近式は

$$\sum_{\substack{p \leq x \\ p \equiv 1 (\mathrm{mod}\ 4)}} \frac{1}{p} \sim \frac{1}{2} \log \log x,$$

$$\sum_{\substack{p \leq x \\ p \equiv 3 (\mathrm{mod}\ 4)}} \frac{1}{p} \sim \frac{1}{2} \log \log x$$

と表される．

> **定理［4で割ってa余る素数の逆数の和］** $(a = 1, 3)$
>
> 「4で割って 1 余る素数」と「4で割って 3 余る素数」はどちらも無数に存在し，それらの逆数の和を「x 以下」に制限した級数の挙動は，ともに $\frac{1}{2} \log \log x$ に等しい．すなわち，$a = 1, 3$ に対し次式が成り立つ．
>
> $$\sum_{\substack{p \leqq x \\ p \equiv a \,(\mathrm{mod}\ 4)}} \frac{1}{p} \sim \frac{1}{2} \log \log x \quad (x \to \infty).$$

証明　x 以下で最大の奇数を n とすると，第 2 章の定理［素数の逆数の和の挙動］の証明でみたのと同様に，次の漸近式が成り立つ．

$$\log \left(1 + \frac{1}{3} + \frac{1}{5} + \frac{1}{7} + \cdots + \frac{1}{n} \right)$$

$$\sim \sum_{3 \leqq p \leqq x} \log \left(1 + \frac{1}{p} + \frac{1}{p^2} + \frac{1}{p^3} + \cdots \right) \quad (x \to \infty).$$

右辺は，3 以上 x 以下の素数 p にわたる和である．n の定義より，$x \to \infty$ の極限において自動的に $n \to \infty$ となることは，§2.4 の定理［素数の逆数の和の挙動］の証明と同様である．この漸近式の左辺の挙動は，前節の定理［奇数の逆数の和の挙動］により次のようになる．

$$\log\left(1 + \frac{1}{3} + \frac{1}{5} + \frac{1}{7} + \cdots + \frac{1}{n}\right) \sim \log\frac{\log x}{2}$$

$$\sim \log\log x \ (x \to \infty).$$

よって，先ほど得た「3 以上 x 以下の素数 p にわたる和」の漸近式は，「p を 4 で割った余り」で分類することにより，次の形になる．

$$\log\log x \sim \sum_{\substack{p \leq x \\ p \equiv 1 (\mathrm{mod}\ 4)}} \log\left(1 + \frac{1}{p} + \frac{1}{p^2} + \frac{1}{p^3} + \cdots\right)$$

$$+ \sum_{\substack{p \leq x \\ p \equiv 3 (\mathrm{mod}\ 4)}} \log\left(1 + \frac{1}{p} + \frac{1}{p^2} + \frac{1}{p^3} + \cdots\right)$$

$$(x \to \infty).$$

ここで，第 2 章の定理［素数の逆数の和の挙動］の証明と同様に，右辺の 2 つの log をテイラー展開すると，$x \to \infty$ の極限において，どちらの log からも $\frac{1}{p}$ のみが残り，他の項の和は収束する．よって，次の漸近式を得る．

$$\log\log x \sim \sum_{\substack{p \leq x \\ p \equiv 1 (\mathrm{mod}\ 4)}} \frac{1}{p} + \sum_{\substack{p \leq x \\ p \equiv 3 (\mathrm{mod}\ 4)}} \frac{1}{p}$$

$$(x \to \infty).$$

一方，前節で得た定理［オイラーの L 級数の値］と［L 級数のオイラー積表示］により，次式が成り立つ．

$$\log \frac{\pi}{4} = \log \left(1 - \frac{1}{3} + \frac{1}{3^2} - \frac{1}{3^3} + \cdots \right)$$
$$+ \log \left(1 + \frac{1}{5} + \frac{1}{5^2} + \frac{1}{5^3} + \cdots \right)$$
$$+ \log \left(1 - \frac{1}{7} + \frac{1}{7^2} - \frac{1}{7^3} + \cdots \right)$$
$$+ \log \left(1 - \frac{1}{11} + \frac{1}{11^2} - \frac{1}{11^3} + \cdots \right)$$
$$+ \cdots$$
$$= \lim_{x \to \infty} \left(\sum_{\substack{p \leq x \\ p \equiv 1 (\mathrm{mod}\ 4)}} \log \left(1 + \frac{1}{p} + \frac{1}{p^2} + \frac{1}{p^3} + \cdots \right) \right.$$
$$\left. + \sum_{\substack{p \leq x \\ p \equiv 3 (\mathrm{mod}\ 4)}} \log \left(1 - \frac{1}{p} + \frac{1}{p^2} - \frac{1}{p^3} + \cdots \right) \right).$$

ここで再び，右辺の 2 つの log をテイラー展開すると，先ほどと同様に，$x \to \infty$ の極限においては，どちらの log からも $\pm\frac{1}{p}$ のみが残り，他の項の和は収束する．したがって，次式が成り立つ．

$$\log \frac{\pi}{4} \sim \sum_{\substack{p \leq x \\ p \equiv 1 (\mathrm{mod}\ 4)}} \frac{1}{p} - \sum_{\substack{p \leq x \\ p \equiv 3 (\mathrm{mod}\ 4)}} \frac{1}{p} \qquad (x \to \infty).$$

左辺は有限だから，右辺の 2 つの $\sum$ は打ち消し合い，次式を得る．

$$\sum_{\substack{p \leq x \\ p \equiv 1 (\text{mod } 4)}} \frac{1}{p} \sim \sum_{\substack{p \leq x \\ p \equiv 3 (\text{mod } 4)}} \frac{1}{p} \qquad (x \to \infty).$$

この式を用いると，はじめに得た漸近式を次のようにさらに変形でき，$a = 1, 3$ の双方に対し次式が成り立つ．

$$\log \log x \sim \sum_{\substack{p \leq x \\ p \equiv 1 (\text{mod } 4)}} \frac{1}{p} + \sum_{\substack{p \leq x \\ p \equiv 3 (\text{mod } 4)}} \frac{1}{p} \quad (x \to \infty)$$

$$\sim 2 \sum_{\substack{p \leq x \\ p \equiv a (\text{mod } 4)}} \frac{1}{p} \quad (x \to \infty).$$

これより $a = 1, 3$ の双方に対し，示すべき次の結論を得た．

$$\sum_{\substack{p \leq x \\ p \equiv a (\text{mod } 4)}} \frac{1}{p} \sim \frac{1}{2} \log \log x \qquad (x \to \infty). \qquad \square$$

前章でみたように，「逆数の和の挙動」がわかればアーベルの総和公式から「個数の挙動」を得られる．それを表すために，個数を表す記号 $\pi(x, q, a)$ を導入する．$\pi(x, q, a)$ は「q で割って a 余るような x 以下の素数の個数」である．これを用いると，前章で得たのと同様にして，「4 で割って 1 余る素数」や「4 で割って 3 余る素数」の個数に関する素数定理が得られる（Li については p.114 を参照）．

> **算術級数定理（$q = 4$ の場合）**
>
> $a = 1, 3$ に対し次式が成り立つ.
>
> $$\pi(x, 4, a) \sim \frac{1}{2}\mathrm{Li}(x) \quad (x \to \infty).$$

3.3　ディリクレの定理

　前節で紹介した $q = 4$ に対する定理は，1837 年，ディリクレによって任意の自然数 q に対する算術級数定理に一般化された．素数を q で割った余りが a であるとき，a と q は互いに素（最大公約数が 1）となる．1 から q までの整数のうち，q と互いに素となるものの個数を $\varphi(q)$ とおく．$\varphi(q)$ は**オイラーの関数**と呼ばれる．素数を q で割った余り a は，$\varphi(q)$ 通りの可能性がある．

　ディリクレは，それら $\varphi(q)$ 通りの余りを持つ素数の個数が，すべて漸近的に等しいことを証明した．

> **算術級数定理（ディリクレ 1837）**
>
> q と互いに素な自然数 a, b に対し，次式が成り立つ.
>
> $$\pi(x, q, a) \sim \pi(x, q, b) \quad (x \to \infty).$$
>
> とくに，q で割って a 余る素数は無数に存在する.

　本節では，この定理の証明の概略を述べる．ただし，そ

の内容は代数学の基礎的な事項を前提としており，高校までに学ぶ数学の範囲から多少逸脱する．初歩の群論を学んだことのない一般の読者は，本節を飛ばしても差し支えない．本書の第一の目的は，次章で登場するチェビシェフが見出した $q = 4$ のときの素数の偏りを解明することであり，一般の q に関する本節の議論を飛ばしても，その目的は達成できるからである．なお，以下に述べる説明は，あくまでも証明方針の概要に過ぎない．詳細な解説は他の文献[2]を参照されたい．

証明の基本方針は，$q = 4$ の場合の方法を受け継ぐ．オイラーの L 級数

$$1 - \frac{1}{3} + \frac{1}{5} - \frac{1}{7} + \frac{1}{9} - \frac{1}{11} + \frac{1}{13} - \cdots .$$

は，

$$\chi(n) = \begin{cases} (-1)^{\frac{n-1}{2}} & (n \equiv 1, 3 \pmod 4) \\ 0 & (n \equiv 0, 2 \pmod 4) \end{cases}$$

とおいて

$$\sum_{n=1}^{\infty} \frac{\chi(n)}{n}$$

とも書けるが，この式で $\chi(n)$ を，いろいろな数列に拡張したものを L **級数**と呼ぶ．ディリクレは，上の $\chi(n)$ を一般化し，次の条件 (1)〜(3) を満たすような数列 $\chi(n)$ を

---

[2] 拙著『素数とゼータ関数』（共立出版，2015）第 5 章など．

考えた.

(1) $\chi(n)$ は，n を q で割った余りで決まる（すなわち，周期的で周期が q である）.

(2) n と q が互いに素なとき $\chi(n) \neq 0$ であり，それ以外のとき $\chi(n) = 0$ である.

(3) 任意の自然数の組 n, m に対し，$\chi(nm) = \chi(n)\chi(m)$ が成り立つ.

条件 (3) は，L 級数がオイラー積を持つために必要な性質であることを，§3.1 でみた. なお，もし n と m がどちらも q と互いに素であれば，積 nm もそうであり，逆に，積 nm が q と互いに素であれば，n と m はどちらもそうなるから，条件 (2) と (3) は両立し得る.

この 3 性質を満たす χ を，$\mathrm{mod}\ q$ の**ディリクレ指標**と呼び，q を χ の**法**という.

ディリクレ指標の値は，0 を除くと，1 のべき根（絶対値 1 の複素数）に限られる. ディリクレ指標 χ の値域が実数の部分集合になるとき，χ を**実ディリクレ指標**という. 実ディリクレ指標の値は，0, ± 1 に限る.

なお，高校数学の範囲外となるが，代数学を知っている読者には，ディリクレ指標を群論や環論の言葉で定義する方がわかりやすいと思われるので，記しておく.「mod q のディリクレ指標」とは，整数環 $\mathbb{Z}$ のイデアル $q\mathbb{Z}$ による剰余環 $\mathbb{Z}/q\mathbb{Z}$ の乗法群 $(\mathbb{Z}/q\mathbb{Z})^\times$ から，複素数体 $\mathbb{C}$ の乗法群 $\mathbb{C}^\times$ への準同型写像 f の定義域を，$f(x) = 0$

$(x \in \mathbb{Z}/q\mathbb{Z} \setminus (\mathbb{Z}/q\mathbb{Z})^\times)$ によって $\mathbb{Z}/q\mathbb{Z}$ に拡張し,さらに $\mathbb{Z}$ から剰余環 $\mathbb{Z}/q\mathbb{Z}$ への自然な全射 g を合成した写像 χ のことである.すなわち,

$$\chi: \mathbb{Z} \xrightarrow{g} \mathbb{Z}/q\mathbb{Z} \xrightarrow{f} \mathbb{C}.$$

さて,最も簡単なディリクレ指標は,q と互いに素である任意の n に対し $\chi(n) = 1$ とするものである.これを **自明な指標** といい,しばしば記号 χ_0 で表す.たとえば,$q = 4$ のとき,自明な指標の L 級数は「奇数の逆数の和」となり,次式が成り立つ.

$$\sum_{n=1}^{\infty} \frac{\chi_0(n)}{n} = 1 + \frac{1}{3} + \frac{1}{5} + \frac{1}{7} + \frac{1}{9} + \frac{1}{11} + \frac{1}{13} + \cdots.$$

q を法とするディリクレ指標は,自明な指標を含めて全部で $\varphi(q)$ 個あることが知られている.すなわち,mod q のディリクレ指標の個数は,q で割った余りの種類と同数だけ存在する.以下にこの事実を実例で確かめてみよう.

例 1($q = 4$): 素数を 4 で割った余りは 1 と 3 の 2 通りだから,ディリクレ指標が 2 個あることを確かめる.自明でないものとして,先ほどの

$$\chi(n) = \begin{cases} (-1)^{\frac{n-1}{2}} & (n \equiv 1, 3 \pmod 4) \\ 0 & (n \equiv 0, 2 \pmod 4) \end{cases}$$

をすでに得ているので,これ以外にディリクレ指標が存在

しないことを示す. $\chi(1)$ と $\chi(3)$ の値について, すべての可能性を挙げる. まず, ($q = 4$ に限らず) 任意のディリクレ指標 χ は, $\chi(1) = 1$ を満たす. なぜなら, 性質 (3) より, $1^2 = 1$ から $\chi(1)^2 = \chi(1)$ を得るが, 性質 (2) より $\chi(1) \neq 0$ であるから, 両辺を $\chi(1)$ で割ると, $\chi(1) = 1$ となるからである. 次に, $\chi(3)$ は, $3^2 = 9 \equiv 1 \pmod 4$ より, $\chi(3)^2 = \chi(1) = 1$ となるので, $\chi(3) = \pm 1$ に限る.

以上の結果をまとめると, $q = 4$ のとき, ディリクレ指標による像は以下のものに限られる.

n	0	1	2	3
$\chi_0(n)$	0	1	0	1
$\chi(n)$	0	1	0	-1

例 2 ($q = 5$): 素数を 5 で割った余りは 1,2,3,4 の 4 通りであるから, ディリクレ指標が 4 個あることを確かめる. 例 1 でみたように $\chi(1) = 1$ であるから, $\chi(a)$ ($a = 2, 3, 4$) の可能性をすべて挙げればよい. しかし, $\chi(2)$ が決まれば他の値は自動的に決まる. なぜなら, $2^2 = 4$ より, $\chi(4) = \chi(2)^2$ であり, $2^3 = 8 \equiv 3 \pmod 5$ より, $\chi(3) = \chi(2)^3$ だからである. そして, $2^4 = 16 \equiv 1 \pmod 5$ より, $\chi(2)^4 = 1$ であるから, $\chi(2) = \pm 1, \pm i$ の 4 通りのいずれかに限られる.

以上より, $q = 5$ のときのディリクレ指標は, 以下の 4 つの χ_j ($j = 0, 1, 2, 3$) に限られる. これらがすべてディリクレ指標の条件 (1)(2) をみたすことは直ちにわかる. 条

件 (3) をみたすことは，すべての値の組合せについて「積が積に対応していること」を確認すればよく，容易である．以上より，ディリクレ指標は次表の 4 つである．

n	0	1	2	3	4
$\chi_0(n)$	0	1	1	1	1
$\chi_1(n)$	0	1	i	$-i$	-1
$\chi_2(n)$	0	1	-1	-1	1
$\chi_3(n)$	0	1	$-i$	i	-1

例 3（$q = 8$）：素数を 8 で割った余りは 1,3,5,7 の 4 通りであるから，ディリクレ指標が 4 個あることを確かめる．例 1 でみたように $\chi(1) = 1$ であるから，$\chi(a)$ $(a = 3, 5, 7)$ の可能性をすべて挙げればよい．$3^2 = 9 \equiv 1 \pmod{8}$ より，$\chi(3)^2 = \chi(1) = 1$．よって $\chi(3) = \pm 1$ に限られる．同様にして，$\chi(5) = \pm 1$ に限られ，$\chi(3)$ と $\chi(5)$ の値の組合せは 4 通りある．また，$3 \times 5 = 15 \equiv 7 \pmod{8}$ より，$\chi(3)\chi(5) = \chi(7)$ となるので，$\chi(3)$ と $\chi(5)$ が決まれば $\chi(7)$ は自動的に決まる．よって，ディリクレ指標の可能性は次表の 4 通りある．これらがすべてディリクレ指標の条件 (1)(2) をみたすことは直ちにわかる．条件 (3) をみたすことは，すべての値の組合せについて確認すれば容易にわかる．以上より，ディリクレ指標は次表の 4 つである．

n	0	1	2	3	4	5	6	7
$\chi_0(n)$	0	1	0	1	0	1	0	1
$\chi_1(n)$	0	1	0	1	0	-1	0	-1
$\chi_2(n)$	0	1	0	-1	0	-1	0	1
$\chi_3(n)$	0	1	0	-1	0	1	0	-1

　以上，3つの例を挙げた．ここで結果の表をじっとみていて気付くことがある．それは，表の縦の列をみたとき，$n = 1$ 以外のどの列も和が 0 となっていることである（もちろん，$n = 1$ のときはすべて 1 なので和は $\varphi(q)$ に等しい）．この性質は一般の q で証明[3]されており，**指標の直交関係**と呼ばれる．ディリクレは，これを算術級数定理の証明に利用した．この事実は次の解説で用いるので，定理として掲出しておく．

定理［指標の直交関係］

q と互いに素であるような任意の n を一つ固定する．q を法とするすべてのディリクレ指標 χ をわたらせたときの $\chi(n)$ の和は，以下のようになる．

$$\sum_{\chi \bmod q} \chi(n) = \begin{cases} 0 & (n \not\equiv 1 \pmod{q}) \\ \varphi(q) & (n \equiv 1 \pmod{q}). \end{cases}$$

　この定理を用いる際，両辺を $\varphi(q)$ で割り次の形にする．

---

[3] 拙著『素数とゼータ関数』（共立出版，2015）定理 5.18.

$$\frac{1}{\varphi(q)} \sum_{\chi \bmod q} \chi(n) = \begin{cases} 0 & (n \not\equiv 1 \pmod q) \\ 1 & (n \equiv 1 \pmod q). \end{cases}$$

ここで, n をいろいろな整数にわたらせて両辺の和をとる. たとえば, 集合 A に属する自然数 n をわたらせると, 各 n に対する右辺は「$n \equiv 1 \pmod q$ のときのみ 1, 他のときに 0」となることから, $n \in A$ をわたらせた和は「$n \equiv 1 \pmod q$ かつ $n \in A$ なる n の個数」となる. すなわち, 次式が成り立つ.

$$\frac{1}{\varphi(q)} \sum_{n \in A} \sum_{\chi \bmod q} \chi(n) = \sum_{\substack{n \in A \\ n \equiv 1 (\bmod\ q)}} 1.$$

この式を, 集合 A が「x 以下の素数の集合」である場合に適用すると, 次式が成り立つ. 記号 p は素数を表すとして,

$$\frac{1}{\varphi(q)} \sum_{p \leqq x} \sum_{\chi \bmod q} \chi(p) = \sum_{\substack{p \leqq x \\ p \equiv 1 (\bmod\ q)}} 1.$$

右辺は, x 以下で「q で割って 1 余る素数 p」の個数 $\pi(x, q, 1)$ であるから, 今求めたい目標の $\pi(x, q, a)$ の一部であり, 目標に近づいていることがわかる.

　さらに目標に近づくために, 左辺の和 $\sum$ の順序を交換する (ともに有限和なので交換法則が成り立つ). すなわち, 次式を考える.

$$\pi(x, q, 1) = \frac{1}{\varphi(q)} \sum_{\chi \bmod q} \sum_{p \leq x} \chi(p).$$

右辺の p にわたる和を，各 χ に対して求める．まず，$\chi = \chi_0$ の場合，すべての p に対して $\chi(p) = \chi_0(p) = 1$ であるから，素数定理[4]より次式が成り立つ．

$$\sum_{p \leq x} \chi(p) = \pi(x) \sim \mathrm{Li}(x) \quad (x \to \infty).$$

次に，$\chi \neq \chi_0$ のとき，$\chi(p)$ はいろいろな値をとるので打ち消し合いが生ずると考えられる．打ち消し合いによって，χ の寄与は χ_0 の寄与よりも $x \to \infty$ のときの漸近式のオーダーが小さくなると推定される．式で書くと，

$$\sum_{p \leq x} \chi(p) = o\left(\mathrm{Li}(x)\right) \quad (x \to \infty) \quad (\chi \neq \chi_0).$$

もし，この推定が正しければ，すべての χ の寄与を合わせ，次式を得る．

$$\pi(x, q, 1) \sim \frac{1}{\varphi(q)} \mathrm{Li}(x) \quad (x \to \infty).$$

これで，もし「推定」が正しければ，$a = 1$ のときの目標を達することがわかった．

「推定」が正しいことは，オイラー積を用いて証明できる．以下に，その理由を述べる．まず，$\chi \neq \chi_0$ より，L 級数

---

[4] ディリクレの時代には素数定理が未証明であったため，ディリクレは $\pi(x, q, a) \sim \frac{1}{\varphi(q)} \pi(x) \ (x \to \infty)$ のみを証明した．

の定義である「自然数 n にわたる和」は，打ち消し合いによって収束することが，比較的容易にわかる（「自然数にわたる和」は「素数にわたる和」よりも易しいことが鍵であり，オイラー積は「素数」を「自然数」に帰着する役割を果たす）．

一方，ディリクレ指標の条件 (3) より，L 級数はオイラー積を持つので，次式が成り立つ．

$$\sum_{n=1}^{\infty} \frac{\chi(n)}{n} = \prod_{p:\text{素数}} \left(1 - \frac{\chi(p)}{p}\right)^{-1}.$$

両辺の対数をとると，

$$\log \sum_{n=1}^{\infty} \frac{\chi(n)}{n} = \sum_{p:\text{素数}} \log \left(1 - \frac{\chi(p)}{p}\right)^{-1}.$$

$\log$ のテイラー展開により，右辺は

$$\sum_{p:\text{素数}} \left(\frac{\chi(p)}{p} + \boxed{\frac{\chi(p)}{p} \text{ の 2 乗以上}} \right)$$

の形をしている．第 2 章の定理［素数の逆数の和の発散］の証明などでもみたように，枠内の項の素数全体にわたる和は，絶対収束する．

以上をまとめると，L 級数は収束し，その対数のうち枠内の部分が収束するので，それ以外の部分

$$\sum_{p:\text{素数}} \frac{\chi(p)}{p}$$

も収束する．これで，$\chi(p)/p$ の $p \le x$ にわたる和の挙動
がわかったので，アーベルの総和公式により各項を p 倍し
た $\chi(p)$ の和の挙動もわかる．以上が，「推定」が正しいこ
との発見的証明である．

　ここまでで，$a = 1$ のときに目標を達成した．すなわち，
次式が示された．

$$\pi(x, q, 1) \sim \frac{1}{\varphi(q)} \mathrm{Li}(x) \quad (x \to \infty).$$

　一般の a に対する証明は，上の証明に微修正を施せばよ
い．ただし，群論の初歩ではあるが代数的な議論が必要と
なる．高校数学の範囲をやや逸脱するが，以下に解説する．
　本節の前半で述べた代数的な表示

$$\chi : \mathbb{Z} \xrightarrow{\ g\ } \mathbb{Z}/q\mathbb{Z} \xrightarrow{\ f\ } \mathbb{C}^\times$$

における f は，群の準同型写像

$$f : (\mathbb{Z}/q\mathbb{Z})^\times \longrightarrow \mathbb{C}^\times$$

をもとにして定義された．この定義域 $(\mathbb{Z}/q\mathbb{Z})^\times$ は群であ
るから，任意の元 a に対して逆元 a^{-1} が存在する．
　さて，$a = 1$ に対して証明が成功した出発点は，次式で
表される「指標の直交関係」であった．

$$\sum_{\chi \bmod q} \chi(n) = \begin{cases} 0 & (n \not\equiv 1 \pmod q) \\ \varphi(q) & (n \equiv 1 \pmod q). \end{cases}$$

ここで，両辺の n に na^{-1} を代入すると，右辺の条件に記されている $n \equiv 1 \pmod{q}$ は $na^{-1} \equiv 1 \pmod{q}$，すなわち $n \equiv a \pmod{q}$ となり，次式が成り立つ.

$$\sum_{\chi \bmod q} \chi(na^{-1}) = \begin{cases} 0 & (n \not\equiv a \pmod{q}) \\ \varphi(q) & (n \equiv a \pmod{q}). \end{cases}$$

ここで，先ほどと同様に，両辺を $\varphi(q)$ で割り，$n \in A$ にわたらせて和をとると，

$$\frac{1}{\varphi(q)} \sum_{n \in A} \sum_{\chi \bmod q} \chi(na^{-1}) = \sum_{\substack{n \in A \\ n \equiv a (\bmod q)}} 1.$$

再び和の順序を交換すると，χ が準同型であることから，

$$\frac{1}{\varphi(q)} \sum_{\chi \bmod q} \chi(a^{-1}) \sum_{n \in A} \chi(n) = \sum_{\substack{n \in A \\ n \equiv a (\bmod q)}} 1.$$

先ほどと同様に A を「x 以下の素数の集合」とすると，右辺は求める $\pi(x, q, a)$ に等しい．一方，先ほど証明した「推定」により，左辺の n にわたる和は，$\chi = \chi_0$ のときが主要項となり，漸近式が $\mathrm{Li}(x)$ で与えられる．そのとき，$\chi(a^{-1}) = \chi_0(a^{-1}) = 1$ であるから，次式を得る.

$$\pi(x, q, a) \sim \frac{1}{\varphi(q)} \mathrm{Li}(x) \quad (x \to \infty).$$

以上が，算術級数定理の概要である.

本章では，素数が「4で割って1余る」「4で割って3余

る」のどちらのタイプも無数に存在すること，さらにそれ
らが同程度の無限大であることをみた．これは，前章で示
した素数定理，すなわち「素数がどれだけたくさんあるか」
という量的分布を発展させた質的分布の問題と位置づけら
れる．ここまでは，古典的に知られている数学であり，（説
明の仕方は別としても）少なくとも定理の結論は，世界中
で出版されている整数論の教科書に掲載されてきた既知の
内容である．

　いよいよここから，本書独自の内容に入っていく．まず
は次章で，今示したはずの算術級数定理に反するかにみえ
る現象を紹介する．この「チェビシェフの偏り」と呼ばれ
る現象は，現在も未解決の問題だが，本書は次章から最終
章までを割き，深リーマン予想を用いて「偏り」の発生原
因を解明していく．それが本書の最終目標となる．

第 **4** 章

素数の偏り

4 で割って「3 余る素数」と「1 余る素数」は、おおまかに同数であると考えられる. ただ実際に数えてみると, その傾向は圧倒的に「3 余る素数」の方が優勢なのである. この「偏り」の正体を明らかにするには, どんな定式化が必要なのか. 歴代の数学者の奮闘を追いながら, 現代に残る未解決問題の本質を考える.

ディリクレが算術級数定理を証明してから16年後の1853年，ロシア人数学者チェビシェフ（1821〜1894）は，知人への手紙に「素数に関する新たな発見」を記した．彼は，確率論，統計学，そして整数論における顕著な業績で知られている．整数論では，複素関数論が素数分布に応用される以前の1850年頃に，実数の解析のみを用いて素数定理の一歩手前である「粗い素数定理」を証明[1]した．それは，ある正の定数 C_1，C_2 が存在し，2以上の任意の実数 x に対して次の不等式が成り立つ事実であった．

$$C_2 \frac{x}{\log x} \leq \pi(x) \leq C_1 \frac{x}{\log x}.$$

もし，十分大きな x に対して C_1，C_2 を限りなく1に近くできれば，この定理は本来の素数定理に一致する．チェビシェフは，その証明には至らなかったものの，仮に極限値

$$\lim_{x \to \infty} \frac{\pi(x)}{\frac{x}{\log x}}$$

が存在すれば，その値は1に限ることの証明には成功していた．その意味で，素数定理に極めて近づいた人物であったといえる．

そのチェビシェフが手紙に書いた「素数に関する新た

---

[1] 証明は拙著『素数とゼータ関数』（共立出版，2015）定理1.13に記した．

発見」とは，「4 で割って 3 余る素数」と「4 で割って 1 余
る素数」の間に生じた奇妙な「偏り」であった．ここで，
割る数を「4」としたのは，数学的な理由からではない．実
際，同様の偏りは「3 で割って 2 余る素数」と「3 で割っ
て 1 余る素数」でもあり，さらに，それ以外のどんな数で
割っても類似の偏りが発生することが知られている．ただ，
自然数を分類するときに「偶数と奇数」で分けるのが最も
わかりやすいとは，誰もが感じるだろう．そのうち奇数に
絞って再度「偶数番目と奇数番目」で分ければ「4 で割った
余り」による分類となる．偶数番目の奇数は「4 で割って 3
余る数」，奇数番目の奇数は「4 で割って 1 余る数」だから
である．その意味で「4 で割った余り」による分類は，「偶
奇による分類」を単に 2 回繰り返したものといえる．よっ
て，考察の初期段階において，「偶奇」の次のプロセスとし
て「4 で割った余り」を考えるのは，自然な流れといえる
だろう．

　チェビシェフの発見した「偏り」は意外な内容だった．
「4 で割って 3 余る素数」が「4 で割って 1 余る素数」より
多めに存在するかのようにみえる，というのである．前章
で示した「ディリクレの算術級数定理」により，これらは
同数であることが証明されていたにもかかわらず，チェビ
シェフは，定理に矛盾するかのような現象を，実際に観察
したのだ．この問題は**チェビシェフの偏り**と呼ばれ，その
定式化や発生原因は未解決である．

　以下に，チェビシェフの偏りがどのような現象であるの
か，説明する．記号 $\pi(x, q, a)$ は前章の通りで「q で割っ

て a 余るような x 以下の素数の個数」である．前章で解説した算術級数定理により，

$$\pi(x, 4, 1) \sim \pi(x, 4, 3) \quad (x \to \infty)$$

が成り立つ．これは，「4 で割って 1 余る素数」と「4 で割って 3 余る素数」がともに無数に存在し，さらに，それらの無限大の規模が同じくらいであることを意味している．したがって，「4 で割って 1 余る素数」と「4 で割って 3 余る素数」は，大まかに「同数ある」と捉えて良い．

　ところが，実際に素数を数えてみると，不等式

$$\pi(x, 4, 3) \geqq \pi(x, 4, 1)$$

が成り立つような x が，圧倒的に多い．$\pi(x, q, a)$ の値が変わるのは x が素数のときのみであるから，素数 x についてのみ不等式を考察すれば十分である．すると，$x < 26861$ なるすべての素数 x に対して上の不等式は成り立ち，等号が成り立つ素数 x は，その間にわずか 4 個しかない．そして，素数 $x = 26861$ において，初めて逆側の不等号「<」が成立するが，すぐ次の素数 $x = 26863$ で再び等号が成り立ち，その次の素数 $x = 26879$ で再び不等号「>」が成り立つ．そして，その後はしばらく不等号の向きが変わらない．次に不等号「<」が成り立つのは，なんと，$x = 616841$ のときである．61 万過ぎまで圧倒的に「3 余る組」が優勢なのである．

　この情景は，運動会の玉入れに例えるとイメージしやすいかもしれない．

　1 組と 3 組の試合で，小さい素数から順に，「1 余る素数」は 1 組のかごに，「3 余る素数」は 3 組のかごに玉を入れていく．算術級数定理によって，両者が最終的に同点になることはわかっているが，そこに至る過程では，3 組がリードする区間が圧倒的に長い．

　　　　3組　1組
100 以下：　13 対 11・・・　3 組が 2 点リード

1000 以下：　87 対 80・・・3 組が 7 点リード

1 万以下：　619 対 609・・・3 組が 10 点リード

10 万以下：　4808 対 4783・・・3 組が 25 点リード

100 万以下：　39322 対 39175・・・3 組が 147 点リード

200 万以下：　74516 対 74416・・・3 組が 100 点リード

300 万以下：　108532 対 108283・・・3 組が 249 点リード

この表は，300万以下の代表的な x に対して得点差をまとめたものである．ここからも3組の優勢が見てとれる．

　さて，これまで「4で割った余り」に注目してきたが，同種の現象は4だけでなく他の q でもみられる．チェビシェフの時代と異なり，現代では計算機を使っていろいろな q に対する傾向が調べられている．その結果，$q = 3$ の場合は1組よりも2組が強く，$q = 5$ の場合は1組と4組が弱く，2組と3組が強い．また，強い組と弱い組は常に同数ずつあるとは限らず，たとえば $q = 8$ の場合は1組だけが弱く，3，5，7組が同程度に強いし，$q = 60$ の場合は「余り1」と「余り49」の2つの組が弱く，他の14種類の余り（7，11，13，17，19，23，29，31，37，41，43，47，53，59）が同程度に強くなる傾向も，数値計算によって観察できるのである．それぞれの q に対していくつかの余りが存在し，それらの余りを持つ素数に向けて，$q = 4$ のときの「余り3」に似た偏りが観察されるのだ．

　算術級数定理で同数であることが証明されているにもかかわらず，実際の数値にこれだけ圧倒的な偏りが生じる理由は，いったい何なのだろうか．これが，19世紀以来の未解決問題「チェビシェフの偏り」である．

　チェビシェフは手紙で $q = 4$ についてのみ言及したが，その時代には計算機が無かったから，彼は先に述べたような莫大な数値計算とは無縁だった．実際にチェビシェフが手紙に書いた内容は，単なる計算結果ではなく，より数学的な命題であった．

以下に，チェビシェフが記した 2 つの例を紹介する．な
お，手紙[2]には「新しい結果（nouveau résultat）」と記
されているものの証明は未記載であり，現在に至るまで証
明は知られておらず未解決問題とされているため，以下で
は「予想」と呼ぶ．

> **予想 1**
>
> 次の級数は，$c \to 0$ で $+\infty$ に発散する．
>
> $$e^{-3c} - e^{-5c} + e^{-7c} + e^{-11c} - e^{-13c}$$
> $$- e^{-17c} + e^{-19c} + e^{-23c} - \cdots$$

> **予想 2**
>
> $f(x)$ が $\lim_{x \to \infty} x^{\frac{1}{2}} f(x) \neq 0$ を満たし，正で単調減少
> であるとき，次の級数は発散する．
>
> $$f(3) - f(5) + f(7) + f(11) - f(13)$$
> $$- f(17) + f(19) + f(23) - \cdots$$

2 つの予想の数式の変数に現れている数列

$$3, \ 5, \ 7, \ 11, \ 13, \ 17, \ 19, \ 23, \cdots$$

---

[2] 手紙の原文はブリティッシュコロンビア大学のサイトで入手可能である．
https://personal.math.ubc.ca/~gerg/teaching/592-Fall2018
/papers/1853.Chebyshev.pdf

は，第 n 項が「3 以上で小さい方から n 番目の素数 p」であり，符号は前章で「オイラーの L 級数」を導入したときに登場した

$$(-1)^{\frac{p-1}{2}} = \begin{cases} 1 & (p \equiv 1 \pmod 4) \\ -1 & (p \equiv 3 \pmod 4) \end{cases}$$

の (-1) 倍である．すなわち，予想 1 は

$$-\lim_{c \to 0} \sum_{p:\,\text{奇素数}} (-1)^{\frac{p-1}{2}} e^{-pc} = \infty$$

と言い換えられるし，予想 2 は「級数

$$-\sum_{p:\,\text{奇素数}} (-1)^{\frac{p-1}{2}} f(p)$$

が収束するためには，$x^{\frac{1}{2}} f(x) \to 0 \ (x \to \infty)$ が必要」と同値である．

これら 2 つの予想は，一瞥しただけではわかりにくいので，その意味を考えてみよう．まず，予想 1 の数式を

$$\lim_{x \to \infty} \left(\sum_{\substack{p \le x \\ p \equiv 3 \pmod 4}} e^{-pc} - \sum_{\substack{p \le x \\ p \equiv 1 \pmod 4}} e^{-pc} \right)$$

と書き換えれば，「4 で割って 3 余る素数」にわたる和と「4 で割って 1 余る素数」にわたる和の比較とみなせる．各項は c が与えられるごとに定まるので，この「$x \to \infty$ にお

ける極限」は c の関数となる．その関数について，$c \to 0$
のときの様子を述べたのが，予想 1 である．したがって，
最初は c を固定し $x \to \infty$ とし，次に $c \to 0$ としている．

　この 2 種類の極限操作の順序は重要である．なぜなら，
一般に，2 つの変数があって 2 種類の極限を順次とるとき，
極限操作の交換は成り立たないからである．単純な例でい
えば，2 変数関数

$$\frac{x}{y} \quad (x > 0,\ y > 0)$$

に対し，まず $x \to 0$ として次に $y \to 0$ とすると，

$$\lim_{y \to 0} \left(\lim_{x \to 0} \frac{x}{y} \right) = \lim_{y \to 0} 0 = 0$$

であるが，一方，任意の $x > 0$ に対し $\frac{x}{y} \to \infty\ (y \to 0)$
であることから，先に $y \to 0$ として次に $x \to 0$ とすると，

$$\lim_{x \to 0} \left(\lim_{y \to 0} \frac{x}{y} \right) = \infty$$

となるので，

$$\lim_{x \to 0} \left(\lim_{y \to 0} \frac{x}{y} \right) \neq \lim_{y \to 0} \left(\lim_{x \to 0} \frac{x}{y} \right)$$

である．

　そういうわけで，$c \to 0$ と $x \to \infty$ は極限操作の順序
交換ができないため単純には論じられないのだが，チェビ
シェフが記した数式の意義を探るための手がかりとして，
仮に $c = 0$ を代入した式の意味を考えてみる．$c = 0$ なら

各項は 1 になるので，予想 1 の数式は

$$\lim_{x \to \infty} \left(\pi(x, 4, 3) - \pi(x, 4, 1) \right)$$

となる．もし，この極限が ∞ となれば，「4 で割って 3 余る素数」が「4 で割って 1 余る素数」よりも無数に多く存在することになる．すなわち，チェビシェフが記した数式は，「4 で割って 3 余る素数」と「4 で割って 1 余る素数」の個数の差に類するものだったことがわかる．$c = 0$ を先に代入しているので「個数の差」そのものではないが，「e^{-cp} という重み付き個数の差」と意味を広げて考えれば，「個数の差」の仲間とみなせる．なぜここで重み付きの個数を考える必要があるのか，その点については後述する．

　一方，実際には，算術級数定理からそれら 2 組の素数は同数である．算術級数定理より，$q = 4$ の場合に次式が成り立つ．

$$\lim_{x \to \infty} \frac{\pi(x, 4, 3)}{\pi(x, 4, 1)} = 1.$$

すなわち算術級数定理は，「4 で割って 3 余る素数」と「4 で割って 1 余る素数」の個数の比に関する定理である．

　ここで，「個数の差」と「個数の比」の 2 種類の式が登場した．2 つの量が等しいことを表す数式には，「差が 0」と「比が 1」があるが，それらはどう違うのか．実は，差の方が比よりも精密な主張であることが，次のようにしてわかる．

　まず，「比が 1」という現象を，素数定理

$$\lim_{x \to \infty} \frac{\pi(x)}{\mathrm{Li}(x)} = 1$$

を用いて説明しよう.

$$\pi(x) = \mathrm{Li}(x) + (誤差項)$$

とおくと,「誤差項」の部分は $\mathrm{Li}(x)$ よりも小さい. 算術級数定理より,「4 で割って 3 余る素数」と「4 で割って 1 余る素数」は素数全体の半分ずつを占めるので,

$$\pi(x, 4, 3) = \frac{1}{2}\mathrm{Li}(x) + (誤差項)$$
$$\pi(x, 4, 1) = \frac{1}{2}\mathrm{Li}(x) + (誤差項)$$

となる. この 2 式が「比が 1」となるには, 誤差項は $\frac{1}{2}\mathrm{Li}(x)$ より小さければ何でも良い. その大きさは算術級数定理の正否に影響がないし, 2 つの誤差項が互いに同程度の大きさである必要もない. つまり, 算術級数定理は主要項 $\frac{1}{2}\mathrm{Li}(x)$ のみを規定しており, それ未満の項のことは何も主張していない.

これに対し, 差の式は全く異なる. 今得た誤差項付きの $\pi(x, 4, a)$ $(a = 1, 3)$ の式を辺々引くと, $\frac{1}{2}\mathrm{Li}(x)$ が打ち消しあうので,

$$\pi(x, 4, 3) - \pi(x, 4, 1) = (誤差項どうしの差)$$

となる. この式は 0 に収束するとは限らない. すなわち,「比が 1」だからといって,「差が 0」とは限らないのだ. 比と異なり, 差 $\pi(x, 4, 3) - \pi(x, 4, 1)$ の挙動は素数定理の

誤差項の大きさや，その内訳が「3 余る素数」と「1 余る素数」にどのように配分されるかといった問題に深くかかわっている．これらの問題は，算術級数定理だけでは解明できないのである．

ここまで，説明のために仮に $c = 0$ として式の意味を考えてきたが，実際には極限操作の順序交換が成り立たず，次の極限は存在しない．

$$\lim_{x \to \infty} (\pi(x, 4, 3) - \pi(x, 4, 1)).$$

それどころか，差 $\pi(x, 4, 3) - \pi(x, 4, 1)$ は，正になったり負になったりを無限回繰り返しながら発散することが証明されている（後述の「リトルウッドの定理」）．

この事実は，算術級数定理を踏まえれば，むしろ直感的に理解しやすいだろう．$\pi(x, 4, 3)$ と $\pi(x, 4, 1)$ は漸近的に等しいのだから，一方的な大小関係は無く，両者が「抜きつ抜かれつ」を永遠に繰り返す光景は，自然に想像できる．したがって，予想 1 の数式を考える上で，$c = 0$ を直に代入することは，厳密には意味を持たない．

では，予想 1 の数式の意味をどう考えたら良いだろうか．それは，チェビシェフが素数に e^{-pc} という「重み」を付けることで，存在しない極限に解釈を与えたものと捉えられる．すなわち，従来の $\pi(x, q, a)$ は，どの素数も一様に「1 個」と数えていたが，これを「大きな素数を軽く」数えるように変えると真実が見えてくる．これがチェビシェフの洞察であった．

各項 e^{-pc} は，$c > 0$ である限り，p の増大に伴い指数

関数的に減少する．したがって，収束性が良くなり，通常の個数関数に対して存在しなかった「個数の差」に類似の極限が存在したり，∞ や $-\infty$ に確定したりする可能性がある．単に「無限回符号を変えながら発散する」といって話を終わるのではなく，e^{-pc} を付け無理やりにでも挙動を捉えることによって「3 余る素数」と「1 余る素数」の違いを見極めようとしているのである．予想 1 の数式は，このような「重み付け」を施して素数を数えた「重み付き個数」の差とみなせる．チェビシェフは，この「重み付き個数」において，「3 余る素数」が「1 余る素数」よりも（無数に）多く存在することを観察したのである．

　なお，ゼータ関数論に詳しい読者のために，後述する用語を先取りして用いて説明すると，ハーディ，リトルウッドやランダウにより，後年，予想 1 はディリクレ L 関数に対するリーマン予想と同値であることが証明された．ディリクレ L 関数のリーマン予想は「ディリクレ素数定理（算術級数定理）の誤差項」の精密化とも同値であるから，（重み付き）個数の差が，誤差項の精密化に深くかかわっていることになる．先ほどは，$c = 0$ を代入して「差が比よりも誤差項に関してより精密な主張ができる」ことをみたが，$c \to 0$ $(c \neq 0)$ の重み付き個数でも，それが一貫して正しいことがわかる．

　次に，予想 2 について見てみよう．予想 1 は，指数関数的に減少する重みを用いたが，減少の度合いはどこまで緩やかにできるだろうか．たとえば，$f(x) = 1/x^{\alpha}$ $(\alpha > 0)$

とおいて考えてみよう. $\chi(p) = (-1)^{\frac{p-1}{2}}$ とおくと,予想 2 は,級数

$$\sum_{p: \text{奇素数}} \frac{\chi(p)}{p^\alpha}$$

の収束を論じていることになる. この級数の収束は,§5.8 の p.218 で導入するオイラーの L 関数 $L(s)$ を用いると,そのオイラー積 (p.220)

$$L(s) = \prod_{p \neq 2} \left(1 - \frac{(-1)^{\frac{p-1}{2}}}{p^s} \right)^{-1}$$

の $s = \alpha$ における収束と同値であることがわかる. 予想 2 は,この収束のために,$\lim_{x \to \infty} x^{\frac{1}{2} - \alpha} = 0$,すなわち,$\alpha > 1/2$ が必要であることを主張している. 上の級数は α が大きければ自明に収束する. $\alpha \geqq 1$ のときに収束することはオイラーの時代から知られていた. α をどこまで下げられるかという問題が,素数の謎を解く鍵である. チェビシェフが予想した $1/2$ は,後ほど解説する「深リーマン予想」にも登場する値であり,現代の数学では,上の級数が収束から発散に転ずる境界であると考えられている. 深リーマン予想は,チェビシェフが触れなかった「境界 $\alpha = 1/2$ における挙動」にまで踏み込んでおり,それを用いると「偏り」が解明されることが,本書の最終的な主題である.

以上,予想 1,2 のどちらも「4 で割って 3 余る素数」が「4 で割って 1 余る素数」よりも多めに存在するようにみえるというチェビシェフの発見が記されており,予想 1 は指

数関数的な重み，予想 2 はべき乗の重みをつけた場合の主
張であった．過去に「チェビシェフの偏り」を解説した多
くの文献では，予想 1 のみが言及されることが多かった．
これに対して予想 2 はほとんど無視されてきたと言える．
予想 2 を詳しく論じた文献を私は見たことがない．しかし，
チェビシェフは手紙を書いた段階で，すでに境界 1/2 を意
識しており，それを予想 2 に記した．ある意味で，彼は深
リーマン予想に近づきつつあったのかもしれない．

4.2　偏りの研究史

　チェビシェフが指摘した「偏り」を研究するためには，
まず「偏り」を定義する必要がある．前節で紹介したデー
タを見ると，1 組にほぼ勝ち目は無いと思えるので，すぐ
に思いつく素朴な予想は，以下のものだろう．

　　ある X が存在して，任意の $x > X$ に対して次
　　の不等式が成り立つ．

$$\pi(x, 4, 3) > \pi(x, 4, 1)$$

しかし，1914 年にリトルウッドが次の定理を証明したこと
により，この予想は否定された．

リトルウッドの定理 (1914)

$x \to \infty$ において，差 $\pi(x, 4, 3) - \pi(x, 4, 1)$ は，無限回符号を変える．

したがって，1組は弱いながらも，たまに勝つことを永遠に止めないことがわかる．そこで，次に思いつく自然な予想は，以下のものだろう．

ナポウスキー・テュランの予想 (1962)

不等式 $\pi(x, 4, 3) > \pi(x, 4, 1)$ を満たす x が，正の実数全体に占める割合（自然密度）は 100%である．

正の実数全体に占める割合（自然密度）は，第2章でも登場したように，$x \to \infty$ における極限によって定義される．正の実数の部分集合 $A(X)$ を，$\pi(x, 4, 3) > \pi(x, 4, 1)$ が成り立つ実数 $x \leq X$ の集合とおき，$\mathrm{vol}(A(X))$ を区間 $A(X)$ の長さとすると，数直線上で「X 以下の正の実数」のなす区間の長さは X であり，そのうち 100%の x が $A(X)$ に属することが，ナポウスキー・テュランの主張であるから，この予想を次式で表すこともできる．

$$\lim_{X \to \infty} \frac{\mathrm{vol}(A(X))}{X} = 1.$$

なお，vol という記号は volume（体積）を表す数学記号である．一般に，数学では n 次元の体積を扱うのでこの記号が用いられる．日常的な用語に対応させると，$n = 3$ の

ときは通常の「体積」と一致するが，$n = 2$ のときは「面積」，$n = 1$ のときは「長さ」に相当する．今の場合，実数の集合は 1 次元であるから，vol は区間の長さとなる．

ナポウスキー・テュランの予想は，一見正しそうに思える予想だったが，証明に向けた進展は全く得られないまま 30 年以上が経過した．そして 1995 年，この予想は以下の定理によって事実上，否定された．

カゾロフスキーの定理 (1995)

オイラーの L 関数 $L(s)$ に対するリーマン予想が正しければ，ナポウスキー・テュランの予想の自然密度（前ページの極限値）は存在しない．

リーマン予想は未証明だが，正しいと広く信じられている命題であるから，この定理によってナポウスキー・テュランの予想が誤りであることが，ほとんど確定したといえる．

こうして「チェビシェフの偏り」の証明どころか定義すら不明のまま，長い年月が経過した．数値的なデータから「3 組優勢」の状況が歴然としているのに，その圧倒的な偏りを数学的に定式化できなかったのである．

そんな状況下で登場したのが，ルビンスタインとサルナックである．彼らは，リーマン予想に加えて「線形独立予想」を仮定した．これについては本書の主題と無関係なので詳

しい説明を避けるが，L 関数から構成される「非自明零点」と呼ばれる複素数の無限列の虚部が，有理数体上で線形独立であるという予想である．一般に，ゼータ関数や L 関数の非自明零点たちは超越的であり，互いに一切の線形関係が無いと考えられているため，この予想の真偽については賛否が無いと思われる．ただ，「非自明零点の虚部の線形独立性」を扱うこの予想は，実部を規定する「リーマン予想」の先にある予想であり，現状では証明の糸口すら不明で，解決の見込みは全くない．夢のまた夢である．

ルビンスタイン・サルナックの定理 ($q = 4$ の場合)

オイラーの L 関数 $L(s)$ に対するリーマン予想と線形独立予想を仮定すると，区間 $A(X)$ の対数密度は，$0.9959\cdots$ に収束する．すなわち，次式が成り立つ．

$$\lim_{X \to \infty} \frac{1}{\log X} \int_{t \in A(X)} \frac{dt}{t} = 0.9959\cdots$$

対数密度という名称は，仮に $A(X)$ が全区間だとすると，上の積分が

$$\int_{t \in A(X)} \frac{dt}{t} = \int_1^X \frac{dt}{t} = \log X$$

と対数を用いて表されることに由来する．積分内の $1/t$ を 1 に書き換えると，全区間の積分は $\int_1^X dt = X$ となり，

$\frac{1}{X} \int_{t \in A(X)} dt$ が通常の密度である．いわば，対数密度とは，通常はどの数も平等に「1」の重さであるところに $1/t$ という重みをつけて計算した密度である．$1/t$ の式の形からわかるように，対数密度は「大きな数ほど軽めに算入する」方法である．たとえば，§1.3 で無限集合において行った「0%」の考察から，逆に「100%」は必ずしもすべての要素を指すわけではなく，無数の例外が存在し得ることがわかる．実際，対数密度で測ると，中央値より上の要素がすべて例外でも「100%」を達成できる．なぜなら，任意の X に対して $\log 2X - \log X = \log 2$ が成り立ち，定数 $\log 2$ は $X \to \infty$ としても変わらないからである．この式は「$2X$ 以下の全区間」と「X 以下の全区間」の差，すなわち「X から $2X$ までの間の区間」を表す．よって，どんなに長い区間でも，後半の半分の「長さ」は変わらず，$X \to \infty$ において全体の中の割合が小さくなるので，区間の後半の半数がすべて例外でも「100%」を達成できる．

　ちなみに，この測り方は，よくある「歳をとると早く時間が経つ」感覚に似ている．20 歳の人の「今後 10 年」は，40 歳の人の「今後 20 年」に相当する，というように「これまで生きてきた長さの何倍か」で時間を認識する感じである．「歳をとるほど 1 年 1 年が軽くなる」と感じたら，それは，人生において対数測度で時間を認識しているようなものである．

　さて，対数密度は，対象を実数から自然数に代えても定義できる．ルビンスタイン・サルナックの結論を「自然数

全体の中の密度」として述べると，次のようになる．

$$\lim_{X \to \infty} \frac{1}{\log X} \sum_{n \in A(X)} \frac{1}{n} = 0.9959 \cdots$$

左辺の $\sum_{n \in A(X)} \frac{1}{n}$ は，チェビシェフが考えた「重み付き個数」の類似とみなせる．なぜなら，自然数を一様に「1個」ずつ数える代わりに，各自然数 n を「$\frac{1}{n}$ 個」と数えて「重み付き個数」を求めた式と似ているからである．ただ，素数や自然数の個数を直接数えているわけではなく，「x 以下で数えたときに 3 組リードとなるような x」の個数を考えている点が異なる．この点は，後述する「先行研究の欠陥」に関連する．

ルビンスタイン・サルナックの論文が発表されて以来，素数全体が，同じ大きさの 2 つの組に分かれている場合の「チェビシェフの偏り」の定義は，

　　一方の組がリードする区間の対数密度が，1/2 を
　　超えること

とされるようなった．1/2 は，各組の素数たちが素数全体の中に占める自然密度（もともとの割合）である．

チェビシェフの偏りは，4 で割った余りに限らず，一般の q で割った余りについてもある．彼らの論文では，一般の q に対して対数密度の存在を証明している．深く理解する必要はないが，そこでは，ディリクレ L 関数 $L(s, \chi)$ の

リーマン予想を $\bmod q$ のすべてのディリクレ指標 χ に対
して仮定し，線形独立予想はそれらすべての $L(s, \chi)$ の非
自明零点の合併集合を対象としている．彼らの論文の主定
理は，それらの仮定の下で，「a_1 が a_2 に勝つ区間」

$$A(X, a_1, a_2) = \{x \leqq X \mid \pi(x, q, a_1) > \pi(x, q, a_2)\}$$

の対数密度の $X \to \infty$ における極限値の存在を示してい
る．そして必ずしも同じ大きさでない複数の組に素数全体
が分けられているときの「チェビシェフの偏り」は，次の
ように定義される．

　　特定の組の素数がリードする区間の対数密度が，
　　その組が素数全体の中で占める自然密度よりも大
　　きいこと．

　一応の定義はできたものの，偏りが発生する理由は未解
明のまま，30 年の歳月が流れた．この間，世界中の研究者
によって，この定義に則った「チェビシェフの偏り」に関
する研究論文が，数多く出版された．

4.3　先行研究の欠陥

　ルビンスタイン・サルナックによって得られた「チェビ
シェフの偏り」の定式化は，はたして正しいのだろうか．
私は，以下の 3 つの理由から，この定義は不十分であると
考える．

(A) 「リードする区間の長さの割合」を用いても,「偏りの大きさ」を表現できない.

(B) 仮定の「線形独立予想」が唐突で, 不自然である.

(C) 1/2 という境界値は, 真実の 0.9959… と, かけ離れている.

　理由 (A) の「偏りの大きさ」とは, 以下のような意味である. たとえば, 最初の 100 個の素数のうち, 前半の 50 個が 3 組, 後半の 50 個が 1 組であったとすると, 得点差は最大 50 となり, この区間で「常時 3 組リード (同点含む)」となる. 一方, 奇数番目が 3 組, 偶数番目が 1 組で, 得点差が最大 1 のこともある (次図).

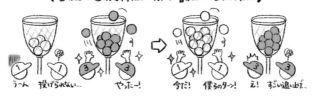

〈3組が連続得点の後、1組が連続得点〉

〈3組と1組が交互に得点〉

　彼らの定義では，この両極端な 2 つのケースは，ともに
「常時 3 組リード」という同一の現象として扱われる．彼
らは，自然密度が収束しない問題を，対数密度を用いて解
決したわけだが，どんな密度であれ「区間の長さ」を測る
だけではこの問題は残る．

　第二の理由 (B) は，定理の仮定が不自然なことである．
以下に，それがいかに不自然であるかを説明する．これは
あくまで彼らの研究内容の解説であり，本書の主題とは無
関係である．本書の目標は，複素数を用いずに素数の謎を
解明することだが，以下の説明は本研究に関するものでは
ないので，複素数を用いる．複素関数論に詳しくない読者
は，理由 (B) の説明を読み飛ばして構わない．むしろ，こ
うした難解な概念を経ずに済むことにこそ，本書で実践す
る研究に価値がある．
　彼らは，非自明零点の「実部の値」であるリーマン予想
に加え，虚部に関する「有理数体上の線形独立性」を仮定
している．線形独立性とは，「有理数倍たちの和で表せな
い」ということである．今，リーマン予想の仮定下なので，
非自明零点は複素数列

$$s_j = \frac{1}{2} + i\gamma_j \quad (j = 1, 2, 3, \cdots \text{ に対し}, \gamma_j \text{ は実数})$$

の形で与えられる．彼らの仮定は，γ_j たちがすべて線形独
立ということである．これが成り立つなら，γ_1 と γ_2 が互
いに有理数倍の関係ではないので，たとえば γ_1 が有理数
なら，γ_2 は無理数となる．そして，γ_3 は，$a\gamma_1 + b\gamma_2$ $(a, b$

は有理数) の形ではなく，γ_4 は，$a\gamma_1 + b\gamma_2 + c\gamma_3$ (a, b, c は有理数) の形ではなく，これが永遠に繰り返され，有理数体上の線形空間に属さない新しい元として次の γ_j が得られ続けることになる．実部の方が「値が 1/2」という単純な仮定であったのと比べると，虚部の線形独立性という仮定は唐突でアンバランスな印象がある．仮定が美しさに欠けることは必ずしも欠陥ではないかもしれないが，後述するように，深リーマン予想が「オイラー積の収束」で一貫していることと比較すると，優劣を感じる．

そして，第三の理由 (C) は，「定義の境界値が真実とかけ離れていること」である．「0.5 より大」が偏りの定義だといっても，実際は $q = 4$ のとき $A(X) = A(X, 3, 1)$ の対数密度は約 0.996 に，$q = 3$ のとき $A(X, 2, 1)$ の対数密度は約 0.999 に収束する．多くの場合，極限値は 0.9 をはるかに上回る．偏りの実態は「0.5 より大」といった甘いものではなく，もっと圧倒的なのだ．だが，適切な境界を明示することは誰にもできない．このことも，この定式化が本質に触れていないことの表れであると考えられる．

4.4 新たな定式化へ

そもそも「3 余る素数」「1 余る素数」の個数の比較に意味があるのだろうか．算術級数定理からそれらは同数であることが証明されている．謎の発端はリトルウッドの定理「無限回逆転が起きる」だったが，同数なのだから，勝ち負

けを繰り返すのはむしろ自然である．だとすれば，個数を
比較すること自体の意味を問い直すべきだろう．

「同数なのに実際の個数に優劣があるようにみえる」とは
どういうことなのか．この問いは私の中に数年間くすぶり
続けた．悩みぬいた結果，見えてきた結論は「出現のタイ
ミング」に解決の鍵があるのではないかということだった．
同じ個数でも，早めに現れれば多くあるようにみえる．こ
のことは，運動会の玉入れで，最終的に同点になる試合で
も，一方のチームが前半に多く玉を入れれば，そのチーム
が試合中ほとんどずっと勝っているようにみえることから
もわかる．玉入れには終わりがあるので，同点になるため
には後半に他方のチームが多く玉を入れて追いつく必要が
あるが，素数は無限に続くので，慌てて追いつく必要はな
い．「3 余る素数」が「1 余る素数」よりも少しずつ早めに
現れる傾向が続けば，トータルの個数が同じでも，チェビ
シェフが観察した偏りが生じるのではないか．個数は「x
以下」で数えるので，早めに現れる素数ほど算入されやす
く，一旦算入されたら永遠に算入され続ける．つまり，小
さな素数ほど影響が大きいのである．

　したがって，小さな素数ほどポイントが高くなるように
重みを付ければよい．そこで，個数関数 $\pi(x,q,a)$ を次式
のように一般化する．

$$\pi_s(x,q,a) = \sum_{\substack{p<x:\ 素数 \\ p\equiv a\ (\mathrm{mod}\ q)}} \frac{1}{p^s} \qquad (s \geqq 0).$$

$s = 0$ が従来の個数関数 $\pi(x, q, a)$ である. $s > 0$ のとき, p が小さいほど $\frac{1}{p^s}$ は大きくなる. ただ s が大き過ぎると全項の寄与が小さくなり, すべてが有界になるから何も検出できない. 逆に s が小さ過ぎると, リトルウッドの定理と同じ現象が起き, 差の挙動を把握できない. 本書の最終到達点は, その境界が $s = \frac{1}{2}$ であり, このときの「重み付き個数の差の挙動」によって「偏り」を定義できるということである.

後ほど第 6 章で, チェビシェフが指摘した「偏り」の定式化を, 次式で与える.

定義（チェビシェフの偏り）

「4 で割って 3 余る素数」への「チェビシェフの偏り」があるとは, 次の漸近式が成り立つことである.

$$\pi_{\frac{1}{2}}(x, 4, 3) - \pi_{\frac{1}{2}}(x, 4, 1) \sim \frac{1}{2} \log \log x \quad (x \to \infty).$$

右辺の $\log \log x$ は, §2.4 の末尾で解説したように, 極めて遅い速度で無限大に発散する. その遅さが, 偏りがいかに微妙であるかを反映している. そして, $\log \log x$ が現れた源は, オイラーの定理［素数の逆数の和の挙動］であった.

第 6 章では, 後述の深リーマン予想を仮定した上で, この「偏り」の存在を証明する.

　そして，この「偏り」の定義式は，「3 余る素数」が「1
余る素数」よりも早めに現れるという「出現のタイミング
の傾向」を表している．右辺が $+\infty$ に発散することが「3
余る素数の圧勝」を意味している．実際，この漸近式の両
辺は，100 億以下の x に対して図のようになる．下側の曲

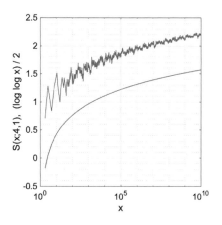

$$\pi_{\frac{1}{2}}(x, 4, 3) - \pi_{\frac{1}{2}}(x, 4, 1) \ \ \text{と} \ \ \tfrac{1}{2} \log \log x$$

線が右辺 $\frac{1}{2} \log \log x$，上側の折れ線が左辺「重み付き個数
の差」である．挙動の一致が見てとれる（上下の位置の差
は無関係）．この数値計算結果[3]は，いまだ証明されてい
ない「深リーマン予想」が正しいことのエビデンスを与え
ている．

---

[3] M. Aoki, S. Koyama and T. Yoshida: "Numerical evidence
of the Chebyshev biases" J. Number Theory **245** (2023) 257-
262. Fig. B より引用．

次章では，「なぜ重み 1/2 が重要なのか」といった疑問に答えるべく，計算例を挙げながら，重みの意義と役割について調べていく．

第 **5** 章

重みの意義と役割

チェビシェフの偏りの正体が，素数の「出現のタイミング」であるならば，数に「重み」を付けることで，出現のメカニズムをどんなふうに解明することができるのだろう．まずは簡単な例から始め，かの有名な未解決問題「リーマン予想」にも足を踏み入れてみよう．

5.1 重みと「出現のタイミング」

前章では，チェビシェフが見出した「偏り」の正体が，「出現のタイミング」の差であるとの洞察を行った．そして，出現のタイミングを測るために，「重み付き個数」を用いる発想を紹介した．では，重みを付けることで出現のタイミングがどのように解明されるのだろうか．本節では，そのメカニズムを，簡単な具体例を通してみていく．

集合 P を「自然数の平方根の集合」とし，集合 Q を「P の要素に 1 を加えた数の集合」とおく．式で書けば

$$P = \{\sqrt{n} \mid n = 1, 2, 3, 4, \cdots\},$$
$$Q = \{\sqrt{n} + 1 \mid n = 1, 2, 3, 4, \cdots\}$$

である．これら 2 つの集合について，「x 以下の要素の個数」の挙動は，次のように簡単な計算で求められる．まず，「要素が x 以下」の条件を，数式で同値変形すると，以下のようになる．

$$\sqrt{n} \leqq x \iff n \leqq x^2,$$
$$\sqrt{n} + 1 \leqq x \iff n \leqq (x-1)^2$$
$$\iff n \leqq x^2 - 2x + 1.$$

1 行目の不等式 $n \leqq x^2$ を満たす自然数 n の個数は「x^2 以下の最大整数」に等しい．これは x^2 との差が 1 未満の数であるから，p.106 で定義したランダウの記号を用いて

$x^2 + O(1)$ と書ける. 3 行目の不等式 $n \leqq x^2 - 2x + 1$ についても同様に考えると, 集合 P, Q について「x 以下の要素の個数」は, 次式のように求められる.

$$\#\{p \in P \mid p \leqq x\} = x^2 + O(1) \quad (x \to \infty),$$

$$\#\{p \in Q \mid p \leqq x\} = x^2 - 2x + O(1) \quad (x \to \infty).$$

この 2 式は, $x \to \infty$ において漸近的に等しい. すなわち,

$$\#\{p \in P \mid p \leqq x\} \sim \#\{p \in Q \mid p \leqq x\} \quad (x \to \infty).$$

が成り立つことが, 簡単な極限値の計算

$$\frac{x^2 + O(1)}{x^2 - 2x + O(1)} = \frac{1 + O(\frac{1}{x^2})}{1 - \frac{2}{x} + O(\frac{1}{x^2})} \to 1 \quad (x \to \infty)$$

により, 直ちにわかる.

よって, これら 2 つの集合の要素の個数は「等しい無限大」であると考えられる. 一方, P, Q の定義をみると, 常に P の要素が Q よりも 1 だけ早めに出現している. この「出現のタイミングの差」を表したい. 個数関数をよくみると, $O(1)$ の部分を除き P は x^2 であり, Q は $x^2 - 2x$ である. Q に $-2x$ が付くことが唯一の違いである. しかし, よく考えてみると, この $-2x$ という項は, 「出現のタイミング」によって生じる「区間のずれ」を表してはいるが, 「出現のタイミング」それ自体を表すものではない. 実際, P, Q の「x 以下の要素」がカウントされる様子は, 次のように図示される.

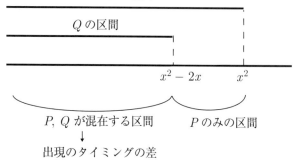

P の区間

Q の区間

$x^2 - 2x$ x^2

P, Q が混在する区間 P のみの区間

↓

出現のタイミングの差

　後半において，長さ $2x$ の区間では P の要素のみがカウントされ，Q の要素はカウントされない．そのため，個数は「P がリード」となる．この現象は，玉入れ競技に例えるなら，「終了の笛が鳴ってもチーム P のみが止めずに玉を投げ続け，多めに得点をした」ことに相当する．

　カウントしている区間が異なるために，個数の差が生じ
ているのである．これは，今の目標である「出現のタイミ
ング」とは別の概念である．

「出現のタイミングの差」は，むしろ前半の区間で現れる．
$x^2 - 2x$ 以下の区間で，P, Q がともに出現している状況
において，「P が早めに現れる現象」を数式で表したい．だ
が，個数関数にみられた唯一の差「$-2x$」は，その目的に
は役立たなかった．

　そこで，登場するのが「重み付き個数」である．自然数
p に対し「s 乗の逆数」という重みを付けたときの「重み
付き個数」について，P と Q の差である

$$\sum_{\substack{p \in P \\ p \leq x}} \frac{1}{p^s} - \sum_{\substack{p \in Q \\ p \leq x}} \frac{1}{p^s}$$

を，0 以上の実数 s ごとに計算してみよう．

Case 1 ($s = 0$ のとき)

　この場合は，重みが無いので通常の個数関数と同様にな
り，次式が成り立つ．

$$\sum_{\substack{p \in P \\ p \leq x}} \frac{1}{p^s} - \sum_{\substack{p \in Q \\ p \leq x}} \frac{1}{p^s} \sim 2x \qquad (x \to \infty).$$

Case 2 ($0 < s < 1$ のとき)

　このときは，先ほどの図のように前半と後半に分かれる．
「重み付き個数」の差は，

$$\sum_{\substack{p \in P \\ p \le x}} \frac{1}{p^s} - \sum_{\substack{p \in Q \\ p \le x}} \frac{1}{p^s}$$

$$= \sum_{n \le x^2 - 2x} \left(\frac{1}{\sqrt{n}^s} - \frac{1}{(\sqrt{n}+1)^s} \right) + \sum_{x^2 - 2x < n \le x^2} \frac{1}{\sqrt{n}^s}.$$

と区間ごとに表される．右辺の一つ目の $\sum$ は前半の区間を表し，二つ目の $\sum$ が後半の区間を表している．それぞれについて計算を行う．

Case 2 の前半

前半は P と Q が混在する区間であり，二項展開を用いて次のように計算できる．

$$\sum_{n \le x^2 - 2x} \left(n^{-\frac{s}{2}} - (\sqrt{n}+1)^{-s} \right)$$

$$= \sum_{n \le x^2 - 2x} n^{-\frac{s}{2}} \left(1 - \left(1 + \frac{1}{\sqrt{n}} \right)^{-s} \right)$$

$$= - \sum_{n \le x^2 - 2x} n^{-\frac{s}{2}} \sum_{m=1}^{\infty} \binom{-s}{m} \left(\frac{1}{\sqrt{n}} \right)^m$$

$$= - \sum_{n \le x^2 - 2x} n^{-\frac{s}{2}} \left(\frac{-s}{\sqrt{n}} + O\left(\frac{1}{n} \right) \right)$$

$$= s \sum_{n \le x^2 - 2x} \left(n^{-\frac{s+1}{2}} + O(n^{-\frac{s+2}{2}}) \right).$$

なお，ここまでの計算では条件 $0 < s < 1$ を用いていないので，この結果は $s > 1$ でも成り立つ．この事実は，後

ほど Case 4 で用いる.

ここで, 一般に $r > -1$ と $X > 0$ に対し成り立つ公式

$$\sum_{n \leqq X} n^r \sim \frac{X^{r+1}}{r+1} \quad (X \to \infty)$$

を, $r = -\frac{s+1}{2}$, $X = x^2 - 2x$ に対して用いると,

$$\sum_{n \leqq x^2 - 2x} \left(n^{-\frac{s}{2}} - (\sqrt{n} + 1)^{-s}\right)$$

$$\sim s \frac{(x^2 - 2x)^{\frac{1-s}{2}}}{\frac{1-s}{2}} \quad (x \to \infty)$$

$$\sim \frac{2s}{1-s} x^{1-s} \quad (x \to \infty).$$

Case 2 の後半

後半では, P のみがカウントされている. P と Q の「重み付き個数の差」は, P のみの区間 $x^2 - 2x < n \leqq x^2$ 内の n にわたる和となるので, 次式で表される.

$$\sum_{x^2 - 2x < n \leqq x^2} \frac{1}{\sqrt{n}^s} = \sum_{n \leqq x^2} \frac{1}{\sqrt{n}^s} - \sum_{n \leqq x^2 - 2x} \frac{1}{\sqrt{n}^s}.$$

右辺の 2 つの $\sum$ の差の漸近状況を求めたい. しかし, 一般に, 漸近式どうしを辺々引いた式は成り立たない. この事実は, 次のような簡単な例を考えればわかる.

$$f(x) = x^2 + x, \qquad g(x) = x^2.$$

この場合, $f(x) \sim x^2 \ (x \to \infty)$ かつ $g(x) \sim x^2 \ (x \to \infty)$

であるが，$f(x) - g(x) \sim 0 \ (x \to \infty)$ ではない．すなわち，漸近式の主要項が打ち消し合って無くなる場合には，主要項だけでなく誤差項も含めたより精密な情報が，漸近式の引き算を行うために必要なのである．そこで，一般の「自然数のべき乗の和の挙動」について，誤差項付きの漸近式を求めておく．それは，第 2 章で紹介した「ランダウの O 記号」を用いて表記できる．

命題

実数 $r > -1$ に対し，次式が成り立つ．

$$\sum_{n \leqq X} n^r = \frac{X^{r+1}}{r+1} + O(X^r) \quad (X \to \infty)$$

証明　自然数 X に対し，曲線 $y = x^r \ (0 \leqq x \leqq X)$ と x 軸の間の面積と棒グラフ $y = n^r \ (n = 1, 2, 3, \cdots, X)$ の面積を比較する．

$r > 0$ のとき，関数 $y = x^r \ (0 \leqq x \leqq X)$ は単調増加であるから，グラフは次ページの図のようになり，面積の比較から次の不等式を得る．

$$\sum_{n=1}^{X} n^r > \int_0^X t^r dt = \frac{X^{r+1}}{r+1}.$$

よって，次式が成り立つ．

$$\sum_{n=1}^{X} n^r - \frac{X^{r+1}}{r+1} > 0.$$

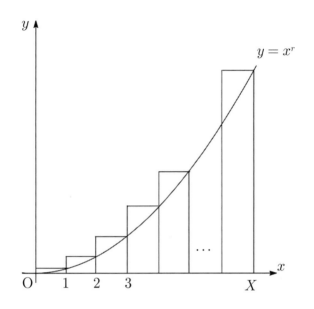

　次に，曲線を左に 1 だけ平行移動し $y = (x+1)^r$ に置き換えると，各棒グラフの左上の角を曲線が通るようになり，棒グラフが曲線の下側にすっぽり入るので，大小が逆転して次の不等式が成り立つ．

$$\sum_{n=1}^{X} n^r < \int_0^X (t+1)^r dt = \frac{(X+1)^{r+1} - 1}{r+1}.$$

右辺を二項展開して

$$\frac{(X+1)^{r+1} - 1}{r+1} = \frac{X^{r+1}}{r+1} + E(X)$$

とおくと，$E(X) = O(X^r)$ である．先ほどの不等式と合わせ，次の不等式が成り立つ．

$$0 < \sum_{n=1}^{X} n^r - \frac{X^{r+1}}{r+1} < E(X).$$

各辺を X^r で割った式は，$X \to \infty$ において $E(X) = O(X^r)$ より有界（上下に限りがある）．以上より，

$$\sum_{n=1}^{X} n^r - \frac{X^{r+1}}{r+1} = O(X^r) \quad (x \to \infty).$$

すなわち，次式が成り立つ．

$$\sum_{n=1}^{X} n^r = \frac{X^{r+1}}{r+1} + O(X^r) \quad (x \to \infty).$$

これで $r > 0$ のときが示された．

$r = 0$ のときは，X 以下の最大整数を N とおくと，

$$\sum_{n \leqq X} n^r = \sum_{n \leqq X} 1 = N$$

となるが，N と X の差は 1 未満であるから $N = X + O(1)$ が成り立つ．よって，命題は成立する．

最後に，$-1 < r < 0$ のときを示す．このときは，関数 $y = x^r \ (0 \leqq x \leqq X)$ は単調減少であるから，面積の大小関係が $r > 0$ のときと逆になり，先ほどと逆向きの不等式を得る．よって，$E(X) = O(X^r)$ を満たすある関数 $E(X)$ を用いて

$$0 < \frac{X^{r+1}}{r+1} - \sum_{n=1}^{X} n^r < E(X).$$

が成り立つ. 各辺を $E(X)$ で割って $X \to \infty$ とすると
有界になるので, $r > 0$ の場合と同様に結論が示された.

$\square$

この命題を用い, 先ほどの「$\sum$ の差」を計算してみよ
う. $r = -\frac{s}{2}$ として

$$\sum_{x^2-2x<n\leq x^2} n^r$$

$$= \sum_{n\leq x^2} n^r - \sum_{n\leq x^2-2x} n^r$$

$$= \frac{(x^2)^{r+1}}{r+1} + O(x^{2r})$$

$$- \left(\frac{(x^2-2x)^{r+1}}{r+1} + O((x^2-2x)^r) \right) \quad (x \to \infty).$$

二項展開により,

$$\frac{(x^2-2x)^{r+1}}{r+1} = \frac{x^{2r+2}}{r+1} - 2x^{2r+1} + O(x^{2r}) \quad (x \to \infty)$$

であるから,

$$\sum_{x^2-2x<n\leq x^2} n^r = 2x^{2r+1} + O(x^{2r}) \quad (x \to \infty).$$

これで, 後半の区間について, 以下の結論を得た.

$$\sum_{x^2-2x<n\leq x^2} \frac{1}{\sqrt{n^s}} = 2x^{1-s} + O(x^{-s}) \quad (x \to \infty).$$

以上，Case 2 （$0 < s < 1$）の前後半を合わせ，「重み付き個数」の差が次のように求められた．

$$\sum_{\substack{p \in P \\ p \leq x}} \frac{1}{p^s} - \sum_{\substack{p \in Q \\ p \leq x}} \frac{1}{p^s} \sim \left(\frac{2s}{1-s} + 2 \right) x^{1-s} \quad (x \to \infty)$$

$$= \frac{2}{1-s} x^{1-s}.$$

この結論で $s \to 0$ とした極限は $2x$ となり，Case 1 の結果に一致する．

Case 3 （$s = 1$ のとき）

このときも前半と後半に分かれ，「重み付き個数」の差は，

$$\sum_{\substack{p \in P \\ p \leq x}} \frac{1}{p} - \sum_{\substack{p \in Q \\ p \leq x}} \frac{1}{p}$$

$$= \sum_{n \leq x^2-2x} \left(\frac{1}{\sqrt{n}} - \frac{1}{\sqrt{n+1}} \right) + \sum_{x^2-2x<n\leq x^2} \frac{1}{\sqrt{n}}.$$

となる．再び，前後半に分けて計算する．

Case 3 の前半

$x \to \infty$ において発散する部分と収束する部分に分けるため，括弧内に次の変形を施す．

$$\frac{1}{\sqrt{n}} - \frac{1}{\sqrt{n+1}} = \frac{1}{\sqrt{n}(\sqrt{n+1})} = \frac{\sqrt{n}}{n(\sqrt{n+1})}$$

$$= \frac{\sqrt{n}+1-1}{n(\sqrt{n+1})} = \frac{1}{n}\left(1 - \frac{1}{\sqrt{n}+1}\right)$$

$$= \frac{1}{n} - \frac{1}{n\sqrt{n}+n}.$$

この結論の第 2 項の $n = 1, 2, 3, \cdots$ にわたる無限和は収束することが，以下のようにしてわかる．

$$\sum_{n=1}^{\infty} \frac{1}{n\sqrt{n}+n} \leqq \sum_{n=1}^{\infty} \frac{1}{n\sqrt{n}}$$

$$\leqq \int_1^{\infty} \frac{1}{t\sqrt{t}} dt = \left[-2\frac{1}{\sqrt{t}}\right]_1^{\infty} = \sqrt{2}.$$

よって，第 1 項のみによって，前半の級数の $x \to \infty$ のときの挙動が次のように与えられる．

$$\sum_{n \leqq x^2 - 2x} \left(\frac{1}{\sqrt{n}} - \frac{1}{\sqrt{n+1}}\right) \sim \sum_{n \leqq x^2 - 2x} \frac{1}{n} \quad (x \to \infty)$$

$$\sim \log(x^2 - 2x) \quad (x \to \infty)$$

$$\sim 2\log x \quad (x \to \infty).$$

Case 3 の後半

先ほど示した命題

$$\sum_{n \leqq X} n^r = \frac{X^{r+1}}{r+1} + O(X^r) \quad (X \to \infty)$$

を, $r = -1/2$ および $X = x^2,\ x^2 - 2x$ に適用する.

$$\sum_{x^2 - 2x < n \leqq x^2} \frac{1}{\sqrt{n}}$$

$$= \sum_{x^2 - 2x < n \leqq x^2} n^{-\frac{1}{2}}$$

$$= 2(x^2)^{\frac{1}{2}} + O\left((x^2)^{-\frac{1}{2}}\right)$$

$$\quad - 2(x^2 - 2x)^{\frac{1}{2}} + O\left((x^2 - 2x)^{-\frac{1}{2}}\right)$$

$$= 2x\left(1 - \left(1 - \frac{2}{x}\right)^{\frac{1}{2}}\right) + O(x^{-1})$$

$$= 2x\left(1 - \sum_{k=0}^{\infty} \binom{\frac{1}{2}}{k}\left(-\frac{2}{x}\right)^k\right) + O(x^{-1})$$

$$= 2x\left(1 - \left(1 - \frac{1}{x} + O\left(x^{-2}\right)\right)\right) + O(x^{-1})$$

$$= 2 + O(x^{-1}) \sim 2 \qquad (x \to \infty).$$

よって後半は有界, つまり大きさに限りがあり, Case 3 $(s = 1)$ の「重み付き個数」の差は, 前半で求めた挙動となる.

$$\sum_{\substack{p \in P \\ p \leqq x}} \frac{1}{p} - \sum_{\substack{p \in Q \\ p \leqq x}} \frac{1}{p} \sim 2 \log x \qquad (x \to \infty).$$

Case 4 $(s > 1$ のとき$)$ 「重み付き個数」の差は,

$$\sum_{\substack{p \in P \\ p \leqq x}} \frac{1}{p^s} - \sum_{\substack{p \in Q \\ p \leqq x}} \frac{1}{p^s}$$

$$= \sum_{n \leqq x^2 - 2x} \left(\frac{1}{\sqrt{n}^s} - \frac{1}{(\sqrt{n}+1)^s} \right) + \sum_{x^2 - 2x < n \leqq x^2} \frac{1}{\sqrt{n}^s}.$$

と前半と後半に分けて表される.

前半は，Case 2 でみたように，次式で与えられる.

$$s \sum_{n \leqq x^2 - 2x} \left(n^{-\frac{s+1}{2}} + O(n^{-\frac{s+2}{2}}) \right).$$

n の指数は仮定より -1 未満である. 一般に，$r < -1$ のときに無限和

$$\sum_{n=1}^{\infty} n^r$$

が収束することは，次のようにして示される.

$$\sum_{n=1}^{\infty} n^r \leqq \int_1^{\infty} t^r dt = \left[\frac{1}{r+1} t^{r+1} \right]_1^{\infty} = -\frac{1}{r+1}.$$

よって，前半の寄与は $O(1)$（すなわち有界）である. なお，今示した結論は「ゼータ関数の絶対収束域」として後ほど用いるので，ここで定理の形に記しておく.

次の無限級数が収束する s の範囲は，$s > 1$ である．

$$\sum_{n=1}^{\infty} n^{-s}.$$

次に，後半は Case 3 のときに有界であった．各項がより小さい今回のケースでは当然有界となる．

以上より，すべての実数 s に対して「重み付き個数」の差の挙動がわかった．結果は次のようになる．

$$\sum_{\substack{p \in P \\ p \leqq x}} \frac{1}{p^s} - \sum_{\substack{p \in Q \\ p \leqq x}} \frac{1}{p^s}$$

$$\sim \begin{cases} 2x & (s = 0) & (x \to \infty) \\ \dfrac{2}{1-s} x^{1-s} & (0 < s < 1) & (x \to \infty) \\ 2 \log x & (s = 1) & (x \to \infty) \\ O(1) & (s > 1) & (x \to \infty). \end{cases}$$

各 Case は前半と後半からなる．その内訳を次表にまとめる．

この結果から観察できることを述べる．まず，Case 4 $(s > 1)$ は重みが小さ過ぎてすべてが有界になってしまうので，何も得られない．Case 1 〜 3 $(0 \leqq s \leqq 1)$ に絞って考えると，$s = 0$ では後半が主要項であるが，s の増大

Case　（s の区間）	前半	後半	合計
Case 1 $(s = 0)$	0	$2x$	$2x$
Case 2 $(0 < s < 1)$	$\frac{2s}{1-s}x^{1-s}$	$2x^{1-s}$	$\frac{2}{1-s}x^{1-s}$
Case 3 $(s = 1)$	$2\log x$	有界	$2\log x$
Case 4 $(s > 1)$	有界	有界	有界

$$\downarrow \qquad\qquad \downarrow$$

タイミング　区間のずれ

に伴い後半の寄与が縮小し，前半の寄与が増大する．やがて $s = 1$ に達したとき，後半の寄与は無くなり，前半が主要項になる．

　後半は「区間のずれ」を表しており，玉入れの終了の笛が鳴っても玉を入れ続けたようなものであるから，今の目標である「出現のタイミングの差」とは無関係である．これに対し，前半は P, Q の 2 組がともに現れる区間であり，この区間で「重み付き個数」に差がつくことは，出現のタイミングの違いを表す．

　以上より，重みのパラメータ s を 0 から大きくしていくと，次第に「出現のタイミングの差」を測れるようになり，$s = 1$ のときに最適となることがわかる．このとき，P の要素が Q の要素より「早めに現れる」という現象が，数式

$$\sum_{\substack{p \in P \\ p \leq x}} \frac{1}{p} - \sum_{\substack{p \in Q \\ p \leq x}} \frac{1}{p} \sim 2\log x \qquad (x \to \infty)$$

によって表現されるのだ．

この数式を図示し「偏りの視覚化」を試みてみよう．先ほど示した命題を $r = -1/2$ と $X = x^2$ の場合に適用すると，左辺の第 1 項である P の和が，漸近的に $2x$ に等しいことが，次の計算でわかる．

$$\sum_{\substack{p \in P \\ p \leqq x}} \frac{1}{p} = \sum_{n \leqq x^2} \frac{1}{\sqrt{n}} = \sum_{n \leqq x^2} n^{-\frac{1}{2}}$$

$$= 2(x^2)^{\frac{1}{2}} + O(x^{\frac{1}{2}})$$

$$= 2x + O(\sqrt{x}).$$

数式は，これよりも第 2 項の Q の和が「$2 \log x$ の分だけ小さい」という事実を表している．つまり，P, Q どちらの和も約 $2x$ の勢いで発散するが，引き算によって莫大な打ち消し合いが生じ，その差が $2 \log x$ だけ残るということである．上式の $O(\sqrt{x})$ の部分は主要項 $2x$ に比べて小さく，P と Q で打ち消し合うので無視すると，大まかな挙動は，P の和 $2x$ に対して Q の和が $2x - 2 \log x$ であると考えてよい．

主要項の $2x$ に比べ，$2 \log x$ は非常に小さく，増大度も微小である．たとえば，x が 1000 から 10000 に増えると，$2x$ は 2000 から 20000 に 18000 も増えるが，$2 \log x$ は約 13.8 から 18.4 にわずか 4.6 ほど増えるだけである．

したがって，$2x$ と $2x - 2 \log x$ のグラフを図示すると，ほとんど一致して線が重なってみえてしまう．あえてその違いをデフォルメして図示すれば，次図のようになる．

P, Q ともに，要素の重み付き個数はそれ自体が $2x$ と

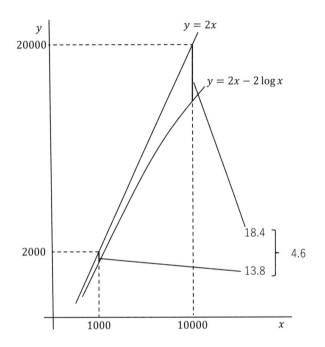

いう莫大な増大度で発散するが，それらの差として現れる微小な項 $2\log x$ が「出現のタイミングの差」を表している．微小ではあるが無限大に発散する項であるから，ここで結論として得た漸近式は，「P の要素が一貫して早めに現れる」という現象を表現した数式であるといえる．これが，重みを付けたことの効果である．

ここで考察した例において，P, Q は $\sqrt{n}$, $\sqrt{n}+1$ と具体的な中身がみえていたが，未知の集合 P, Q に対し，

それらの「重み付き個数の差」を x 以下で求め，$x \to \infty$ とした極限が $+\infty$ に発散すれば，P の要素が Q の要素より「早めに現れる傾向にある」という情報が得られる。この原理を素数の研究に応用することが，本書の目的である。

以上，本節では，簡単な例を用いて「重み付き個数」の意義を観察した。「出現のタイミングの差」を測るためには，重みを適切に選定する必要がある。先ほど表でみたように，「s 乗の逆数」という重みを付け，$s = 0$（重みなし）から徐々に s を増やしていくと，「区間のずれ」から次第に「出現のタイミング」を測れるようになり，$s = 1$ でその効果が最大となる。そして，s がそれより大きくなると，すべてが有界となるため何も得られなくなった。すなわち，最適な重みは，すべてが収束する一歩手前の「ギリギリのところ」にあったのだ。実は，これに似た現象が素数の場合にもみられる。後ほど§5.3で，「4で割って1余る素数」と「4で割って3余る素数」の出現のタイミングの差を表す重みの付け方が，「すべてが収束する手前」のギリギリのところにあることをみる。

5.2 自然数の重み

前節では，集合 P, Q を用い，重みの効果を検証した。それらは $\sqrt{n}$，$\sqrt{n} + 1$ といった無理数を用いて人工的に構成したものであったが，本節では目標の素数に向けて一歩議論を進め，自然数 n に重みを付けてみる。

第2章で扱った調和級数は，自然数 n の重みを $\frac{1}{n}$ とし

て数えたものだった.

$$\sum_{n=1}^{\infty} \frac{1}{n} = \infty.$$

これを出発点に素数に関する様々な定理を得てきたわけだが, 重みの付け方はこれだけとは限らない. 他の重みを付けたら何か新しい謎が解明できるかもしれないとの期待はある.

そこで, 自然数 n の重みを $\frac{1}{n^s}$ $(s \geqq 0)$ としてみる. $s > 1$ のとき, これは**ゼータ関数**として知られているものであり, $\zeta(s)$ と書く.

$$\zeta(s) = \sum_{n=1}^{\infty} \frac{1}{n^s} \qquad (s > 1).$$

極限 $\zeta(s) \to \zeta(1)$ $(s \to 1)$ によって $\zeta(1)$ を定義すれば, 調和級数の発散定理 (第 2 章) より, $\zeta(1) = \infty$ である.

$0 < s < 1$ のとき, 上式の右辺の無限和は $\zeta(s)$ の定義とはならないが, 前章まででみてきたように, 無限和には自然数の「重み付き個数」という意味がある. すなわち, 各 s に対し, X 以下の「重み付き個数」である級数

$$\sum_{1 \leqq n \leqq X} \frac{1}{n^s}$$

の $X \to \infty$ における挙動を調べることで, 同じ無限大であっても「どの程度の大きさの無限大か」を区別できる. その意味ではむしろ, 級数が収束して $\zeta(s)$ となる $s > 1$

の範囲よりも，級数が発散する $0 < s \leqq 1$ の方が興味深いともいえる．

$0 < s < 1$ のとき，前節で示した命題

$$\sum_{n \leqq X} n^r = \frac{X^{r+1}}{r+1} + O(X^r) \quad (X \to \infty)$$

（ただし $r > -1$）に，$r = -s$ を適用すれば，以下の挙動が得られる．

前節の命題の言い換え

実数 $0 < s < 1$ に対し，次式が成り立つ．

$$\sum_{1 \leqq n \leqq X} \frac{1}{n^s} = \frac{X^{1-s}}{1-s} + O(X^{-s}) \quad (X \to \infty)$$

本書の目標は，「4 で割って a 余る素数」（$a = 1, 3$）の重み付き個数を比較することだが，素数の前に自然数で練習しておこう．自然数の中で奇数と偶数の「重み付き個数」を比べてみる．すなわち，上の命題の左辺の和のうち，n が奇数の全体をわたった部分和と，偶数の全体をわたった部分和

$$\sum_{\substack{1 \leqq n \leqq X \\ n \text{ は奇数}}} \frac{1}{n^s}, \qquad \sum_{\substack{1 \leqq n \leqq X \\ n \text{ は偶数}}} \frac{1}{n^s}$$

の二者を比較する．これらが，命題で表した「X 以下の自然数の重み付き個数」のうちの「奇数の寄与」と「偶数の

寄与」である．その大きさを比較するには，「偶数の寄与」
にマイナスを付けた級数

$$\sum_{\substack{1 \leq n \leq X \\ n \text{ は奇数}}} \frac{1}{n^s} - \sum_{\substack{1 \leq n \leq X \\ n \text{ は偶数}}} \frac{1}{n^s} = \sum_{1 \leq n \leq X} \frac{(-1)^{n-1}}{n^s}$$

の符号や挙動を考えればよい．

実は，この級数は有限の値に収束するという事実がある．
これを次に定理として記す．

定理［交代ディリクレ級数の収束域］

実数 $s > 0$ に対し，次式は収束する．

$$\sum_{n=1}^{\infty} \frac{(-1)^{n-1}}{n^s}$$

証明　この級数は，以下に述べる「交代級数」の一種であ
り，次に証明する「ライプニッツの判定法」を $a_n = 1/n^s$
として適用できる．$s > 0$ より $1/n^s$ は単調減少であり，
かつ，

$$\lim_{n \to \infty} \frac{1}{n^s} = 0$$

が成り立つから，ライプニッツの判定法により直ちに結論
を得る．　　　　　　　　　　　　　　　　　　　　□

級数の各項の符号が，交互に正負の繰り返しになるとき，
その級数を**交代級数**と呼ぶ．一般に，交代級数は（初項が

正のとき）次の形に書ける.

$$\sum_{n=1}^{\infty} (-1)^{n-1} a_n \qquad (a_n > 0).$$

ライプニッツの判定法

a_n が単調減少で

$$\lim_{n \to \infty} a_n = 0$$

ならば，上の交代級数は収束する.

証明 交代級数の初項から第 n 項までの和を S_n とおく.
すなわち，

$$S_n = \sum_{k=1}^{n} (-1)^{k-1} a_k.$$

すると，S_n のグラフは次図のようになる.

　交代級数であるという仮定により，グラフは上下にジグ
ザグを繰り返し，さらに「単調減少」と「極限値が 0」の
仮定より，上下変動の幅は小さくなっていき，0 に収束す
る. このことから，S_n が $n \to \infty$ において収束すること
は，以下の議論により証明できる.

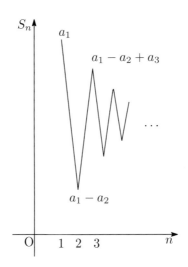

　まず，数列 $\{S_n\}$ が有界であることが，図からわかる．実際，S_n の最大値は $S_1 = a_1$ であり，最小値は $S_2 = a_1 - a_2$ であり，すべての S_n はこの間に属する．

　次に，数列 $\{S_n\}$ の部分列で，n が奇数からなるものを考える．

$$S_1 = a_1,$$
$$S_3 = a_1 - a_2 + a_3,$$
$$S_5 = a_1 - a_2 + a_3 - a_4 + a_5,$$
$$\cdots .$$

これは，

$$S_1 = a_1,$$

$$S_3 = a_1 - (a_2 - a_3),$$

$$S_5 = a_1 - (a_2 - a_3) - (a_4 - a_5),$$

$$\cdots$$

と変形すれば, 単調減少の仮定から括弧内がすべて正となるので, この部分列 $\{S_{2k-1} \mid k = 1, 2, 3, \cdots\}$ $(n = 2k-1)$ もまた単調減少列となる. 有界で単調減少であるから, この部分列は収束する. すなわち, 極限値

$$\lim_{k \to \infty} S_{2k-1}$$

が存在する. 同様にして, 偶数 $n = 2k$ からなる部分列

$$S_2, \quad S_4, \quad S_6, \cdots$$

は, 単調増加で有界であるから収束し, 極限値

$$\lim_{k \to \infty} S_{2k}$$

が存在する. これら2つの極限値の差は,

$$\lim_{k \to \infty} S_{2k} - \lim_{k \to \infty} S_{2k-1} = \lim_{k \to \infty} (S_{2k} - S_{2k-1})$$
$$= \lim_{k \to \infty} a_{2k}$$

となるが,「各項の極限値が0」の仮定より, この値は0である. よって, 偶奇の部分列の共通の極限値

$$\lim_{k \to \infty} S_{2k} = \lim_{k \to \infty} S_{2k-1}$$

が存在し，数列 $\{S_n\}$ はその値に収束する．　　　　　　□

注意　ライプニッツの判定法の証明中に示した図より，

$$S_1 > 0 \text{ かつ } S_2 > 0$$

であるとき，交代級数は正の値に収束する．

　話を p.207 の定理［交代ディリクレ級数の収束域］に戻そう．一般に，分母が n^s で分子が何らかの数列の第 n 項であるような分数の，自然数 n にわたる和を，**ディリクレ級数**と呼ぶ．このタイプの無限級数を 19 世紀の前半に詳しく研究したディリクレに因んでこの呼称が付けられた．今，収束が示された交代級数の値を，ディリクレの頭文字をとり $D(s)$ とおく．

$$D(s) = \sum_{n=1}^{\infty} \frac{(-1)^{n-1}}{n^s} \qquad (s > 0).$$

この級数が収束するので，$1 \leqq n \leqq X$ にわたる部分和の挙動は，ランダウの記号を用いて

$$\sum_{1 \leqq n \leqq X} \frac{(-1)^{n-1}}{n^s} = D(s) + o(1) \qquad (X \to \infty)$$

と表せる．$o(1)$ は「$X \to \infty$ のときに 0 に収束する項」という意味である．

　$D(s)$ は，奇数と偶数の寄与の差を調べるために導入した関数であった．それについて，今得た結論から，次式が成り立つ．

$$\sum_{\substack{1 \leqq n \leqq X}} \frac{(-1)^{n-1}}{n^s} = \sum_{\substack{1 \leqq n \leqq X \\ n \text{ は奇数}}} \frac{1}{n^s} - \sum_{\substack{1 \leqq n \leqq X \\ n \text{ は偶数}}} \frac{1}{n^s}$$

$$\to D(s) \quad (X \to \infty).$$

この値の符号は，ライプニッツの判定法の後の「注意」により，$D(s) > 0$ である．正の極限値に収束するので，「奇数の寄与の方が大きい」といえる．

奇数と偶数の項数は等しいので，「寄与が大きい」とは「各項が大きい傾向にある」ことを意味する．分数 $\frac{1}{n^s}$ $(s > 0)$ は，n が小さいほど大きいので，上の結果は「奇数の方が偶数よりも小さい傾向にある」という現象を表している．

これは，奇数は

$$1, \qquad 3, \qquad 5, \qquad 7, \cdots$$

であり，偶数

$$2, \qquad 4, \qquad 6, \qquad 8, \cdots$$

に比べ，それぞれ 1 ずつ小さいという，当たり前の事実を反映している．

奇数と偶数の場合にはあらかじめ集合の中身がみえているので明らかだが，一般に，中身のわからない 2 つの集合 P, Q があり，要素の個数が等しいことだけがわかっているときに，それらの「重み付き個数の差」

$$\sum_{\substack{p \in P \\ p \leqq x}} \frac{1}{p^s} - \sum_{\substack{p \in Q \\ p \leqq x}} \frac{1}{p^s}$$

の符号や挙動を調べることで「大きさの傾向の偏り」がわかるといえる. 偶数と奇数の場合は, 各項の大きさが 1 ずつ違っており, 奇数が常に 1 だけ小さかった. これに対し, 素数は不規則でとらえどころがなく, 各項の大きさを比べても直ちにわかる傾向はない. 個々の項の比較からは何もわからない場合でも, 上の式で与えられる「重み付き個数の差」の挙動を調べることで, 全体として平均的に「P の要素が Q よりも早めに出現しがちである」といった傾向を数学的にとらえられるのである.

　また, 奇数と偶数の場合,「重み付き個数の差」は有限の値だった. これは, いわば「小さな偏り」である. 差が $x \to \infty$ で発散する (たとえば $\log x$ のような) 場合には, 偏りがより大規模であると考えられる. このことは, 後ほど第 6 章で「リーマン予想」と「深リーマン予想」の違いとして現れる.

「重み付き個数の差」について, もう一つ重要な注意がある. それは, この計算は「無限大どうしの打ち消し合い」を行っているということである. このことは,「差」でなく「重み付き個数」自体の挙動を, 偶数・奇数それぞれ単体で求めるとわかる. 実際にやってみよう. 偶数に対し $n = 2m$ とおくと,「前節の命題の言い換え」により,

$$\sum_{\substack{1 \leqq n \leqq X \\ n \text{ は偶数}}} \frac{1}{n^s} = \sum_{1 \leqq m \leqq \frac{X}{2}} \frac{1}{(2m)^s}$$

$$= \frac{1}{2^s} \sum_{1 \leqq m \leqq \frac{X}{2}} \frac{1}{m^s}$$

$$= \frac{1}{2^s} \frac{(\frac{X}{2})^{1-s}}{1-s} + O(X^{-s}) \quad (X \to \infty)$$

$$= \frac{1}{2} \frac{X^{1-s}}{1-s} + O(X^{-s}) \quad (X \to \infty).$$

この方法は，偶数に「2をくくりだす」という操作を施したものである．

奇数に対しては同じ方法を用いることができないが，偶数に関する結果を交代級数の全体からとりのぞいた残りが奇数の寄与となる．先ほどの結果を併せ用いると，「奇数からなる部分和」の挙動が得られる．

$$\sum_{\substack{1 \leqq n \leqq X \\ n \text{ は奇数}}} \frac{1}{n^s}$$

$$= \sum_{1 \leqq n \leqq X} \frac{(-1)^{n-1}}{n^s} - \left(- \sum_{\substack{1 \leqq n \leqq X \\ n \text{ は偶数}}} \frac{1}{n^s} \right)$$

$$= D(s) + o(1) + \frac{1}{2} \frac{X^{1-s}}{1-s} + O(X^{-s}) \quad (X \to \infty)$$

$$= \frac{1}{2} \frac{X^{1-s}}{1-s} + D(s) + o(1) \quad (X \to \infty).$$

以上をまとめると，偶数と奇数，それぞれの「重み付き

個数」の挙動は次式で与えられる.

$$\sum_{\substack{1 \leqq n \leqq X \\ n \text{ は偶数}}} \frac{1}{n^s} = \frac{1}{2} \frac{X^{1-s}}{1-s} + o(1) \quad (X \to \infty),$$

$$\sum_{\substack{1 \leqq n \leqq X \\ n \text{ は奇数}}} \frac{1}{n^s} = \frac{1}{2} \frac{X^{1-s}}{1-s} + D(s) + o(1) \quad (X \to \infty).$$

本節の冒頭で「前節の命題の言い換え」として示した「自然数の重み付き個数」の挙動は，偶数と奇数でちょうど半分ずつになっていることがわかる. $0 < s < 1$ では，それらの挙動の主要項は $X \to \infty$ における発散項として与えられる. 発散項は完全に一致しているため，重み付き個数を比較する際に「〜」で表される漸近式の両辺を見比べても，差異は検出できない. そこには「出現のタイミングの差」が表現されていないのである. 挙動の差をとることで発散項が打ち消し合って消え，次の項 $D(s)$ が現れる. これが，「各項の大きさの傾向の違い」すなわち「出現のタイミングの差」を表す.

この状況は，運動会の綱引きでクラス全員が数十名で力を合わせて綱を引き合う状況に似ている.

全員の力を合わせるので，掛かっている力の大きさは莫大（無限大への発散項）であるが，互いに引き合うことで力が相殺され，実際に綱が動くのはごくわずか（有限の $D(s)$）である. しかし，そのわずかな分がどちら側になるか（符号が正か負か）によって勝敗は決する.

前の例では，偶数と奇数，どちらも発散しようとする強大な力を持っていた．両者の力は同程度で甲乙つけがたいが，差をとると「無限大どうしの引き算」で力の相殺が起き，出現のタイミングの「偏り」という重要な情報が現れるのである．「奇数の寄与が大きい（つまり，奇数の方が小さい傾向にある）」とわかり，「奇数の勝利」となる．

次節では，いよいよ素数に対してこの原理を当てはめてみる．それによって，かつて知られていなかった素数の偏りに関する新事実が得られるのである．

5.3 素数の重みとリーマン予想

チェビシェフが見出した「素数の偏り」を解明するために，素数の「重み付き個数」を調べたい．「4で割って3余る素数」と「4で割って1余る素数」の重み付き個数の差は，次式で与えられる．

$$\sum_{\substack{p \leqq x:\ \text{素数} \\ p \equiv 3 \ (\mathrm{mod}\ 4)}} \frac{1}{p^s} - \sum_{\substack{p \leqq x:\ \text{素数} \\ p \equiv 1 \ (\mathrm{mod}\ 4)}} \frac{1}{p^s} \qquad (s \geqq 0).$$

第 4 章の p.181 で定義した記号 $\pi_s(x, q, a)$ を用いれば，この式は次のようにも書ける．

$$\pi_s(x, 4, 3) - \pi_s(x, 4, 1) \qquad (s \geqq 0).$$

第 3 章でみたように，$s = 1$ のとき，各項は「素数の逆数」となり，「重み付き個数」はオイラーの方法で求められた．その証明は，奇数の交代和である L 級数のオイラー積表示（「奇数の全体にわたる和」＝「奇素数の全体にわたる積」）

$$
\begin{aligned}
1 - \frac{1}{3} + &\frac{1}{5} - \frac{1}{7} + \frac{1}{9} - \frac{1}{11} + \frac{1}{13} - \cdots \\
= &\left(1 - \frac{1}{3} + \frac{1}{3^2} - \frac{1}{3^3} + \cdots \right) \\
&\times \left(1 + \frac{1}{5} + \frac{1}{5^2} + \frac{1}{5^3} + \cdots \right) \\
&\times \left(1 - \frac{1}{7} + \frac{1}{7^2} - \frac{1}{7^3} + \cdots \right) \\
&\times \left(1 - \frac{1}{11} + \frac{1}{11^2} - \frac{1}{11^3} + \cdots \right) \\
&\times \cdots
\end{aligned}
$$

を用いるものであった．ここで右辺の括弧内は，各奇素数 p に対する級数

$$1 + \frac{(-1)^{\frac{p-1}{2}}}{p} + \left(\frac{(-1)^{\frac{p-1}{2}}}{p} \right)^2 + \left(\frac{(-1)^{\frac{p-1}{2}}}{p} \right)^3 + \cdots$$

であり，右辺の末尾の「$\cdots$」は，奇素数全体にわたる無限積を意味する．

今，重み付き個数を調べたいので，L 級数の各項に重みを付けてみる．$s > 0$ に対し，

$$1 - \frac{1}{3^s} + \frac{1}{5^s} - \frac{1}{7^s} + \frac{1}{9^s} - \frac{1}{11^s} + \frac{1}{13^s} - \cdots .$$

これを**オイラーの L 関数**と呼び，$L(s)$ と記す．このように重みを付けた級数は，$s > 0$ ならば収束する．このことは，§5.2 定理［交代ディリクレ級数の収束域］において級数

$$\sum_{n=1}^{\infty} \frac{(-1)^{n-1}}{n^s}$$

の収束を示したのと同様の方法で，一般項の絶対値が単調減少で 0 に収束することから，ライプニッツの判定法を用いてわかる．したがって，オイラーの L 関数は，次の式で $s > 0$ において定義される．

$$L(s) = \sum_{\substack{n \geq 1 \\ n \text{ は奇数}}} \frac{(-1)^{\frac{n-1}{2}}}{n^s} \quad (s > 0).$$

$L(s)$ は，$s \geq 1$ においてオイラー積表示を持つ．その理由は以下の通りである．第 3 章で，$s = 1$ のとき，L 級数のオイラー積を「符号も含めた素因数分解」によって得た．

たとえば,「4 で割って 3 余る奇数」である $n = 75$ の符号は$-$, その素因数である 3 と 5 の符号は, それぞれ$-$, $+$であることから, 次のような素因数分解が成り立っていた.

$$-\frac{1}{75} = \left(-\frac{1}{3}\right) \times \frac{1}{5^2}.$$

この性質は, n に重みを付けて n^s としても成り立つ.

$$-\frac{1}{75^s} = \left(-\frac{1}{3^s}\right) \times \frac{1}{5^{2s}}.$$

したがって,「丸ごと素因数分解」という意味でのオイラー積表示は, 少なくとも形式的には (すなわち, 素数全体にわたる無限積の収束発散の問題を別にすれば) $L(s)$ に対しても成り立ち, 次の形となる.

$$\begin{aligned}
L(s) = &\left(1 - \frac{1}{3^s} + \frac{1}{(3^2)^s} - \frac{1}{(3^3)^s} + \cdots\right) \\
&\times \left(1 + \frac{1}{5^s} + \frac{1}{(5^2)^s} + \frac{1}{(5^3)^s} + \cdots\right) \\
&\times \left(1 - \frac{1}{7^s} + \frac{1}{(7^2)^s} - \frac{1}{(7^3)^s} + \cdots\right) \\
&\times \left(1 - \frac{1}{11^s} + \frac{1}{(11^2)^s} - \frac{1}{(11^3)^s} + \cdots\right) \\
&\times \cdots.
\end{aligned}$$

右辺の括弧内はオイラー因子で, 各奇素数 p に対する級数

$$1 + \frac{(-1)^{\frac{p-1}{2}}}{p^s} + \left(\frac{(-1)^{\frac{p-1}{2}}}{p^s}\right)^2 + \left(\frac{(-1)^{\frac{p-1}{2}}}{p^s}\right)^3 + \cdots$$

である．また，オイラー積の右辺の末尾の「$\cdots$」は，奇素数全体にわたる無限積を表す．

オイラー因子は初項 1，公比 $\dfrac{(-1)^{\frac{p-1}{2}}}{p^s}$ の無限等比級数であり，$s > 0$ のとき，その和は次の値に収束する．

$$\frac{1}{1 - \dfrac{(-1)^{\frac{p-1}{2}}}{p^s}} = \left(1 - \frac{(-1)^{\frac{p-1}{2}}}{p^s}\right)^{-1}.$$

よって，$L(s)$ の形式的なオイラー積表示は，奇素数の全体にわたる無限積の記号 $\displaystyle\prod_{p \neq 2}$ を用いて次の形に表せる．

$$L(s) = \prod_{p \neq 2} \left(1 - \frac{(-1)^{\frac{p-1}{2}}}{p^s}\right)^{-1}.$$

ここまで，オイラー積表示を「形式的」と表現してきた．それは，素数にわたる無限積の収束発散の問題を保留にしてきたからである．$L(s)$ の定義であるディリクレ級数が $s > 0$ で収束することから，オイラー積も同じ範囲で収束すると思われるかもしれないが，それは違う．表示が変われば収束範囲も変わるのである．

そのことを簡単な例で説明しておこう．無限等比級数の和の公式

$$1 + r + r^2 + \cdots = \frac{1}{1-r} \qquad (-1 < r < 1)$$

において，右辺の分母と分子を 2 倍し，分母に現れた 2 を $1 + 1$ と分けて書くと，

$$\frac{1}{1-r} = \frac{2}{2-2r} = \frac{2}{1+1-2r} = \frac{2}{1-(2r-1)}.$$

これは，初項が 2，公比が $2r-1$ の無限等比級数の和であるから，次式に等しい．

$$\frac{2}{1-(2r-1)} = 2+2(2r-1)+2(2r-1)^2+2(2r-1)^3+\cdots.$$

この式が収束する r の範囲は，$-1 < 2r-1 < 1$ より $0 < r < 1$ である．以上をまとめると，次の 2 つの表示が，どちらも成り立っている．

- $\displaystyle \frac{1}{1-r} = \sum_{n=0}^{\infty} r^n \quad (-1 < r < 1).$

- $\displaystyle \frac{1}{1-r} = \sum_{n=0}^{\infty} 2(2r-1)^n \quad (0 < r < 1).$

同じ級数なのに，収束する r の範囲が異なっている．よって，等式

$$\sum_{n=0}^{\infty} r^n = \sum_{n=0}^{\infty} 2(2r-1)^n$$

は，両辺の収束範囲の共通部分である $0 < r < 1$ においてのみ成り立つ．$-1 < r \leqq 0$ においては，左辺は収束するが右辺が発散するので成り立たない．

　以上の考察から，一般に表示が変われば収束範囲も変わることがみてとれる．よって，$L(s)$ のディリクレ級数の収束範囲がわかっていても，それとは別に，素数にわたる積であるオイラー積が収束する s の範囲を求める必要が

ある．その範囲でのみ，$L(s)$ のオイラー積表示は正しい．
次の定理は，オイラー積の収束のための「一つの十分条件」
を与える．

定理【$L(s)$ のオイラー積の絶対収束】

$L(s)$ のオイラー積表示

$$L(s) = \prod_{p \neq 2} \left(1 - \frac{(-1)^{\frac{p-1}{2}}}{p^s} \right)^{-1}$$

は，少なくとも $s > 1$ のときには収束する．

証明 対数が収束すれば，もとの値も収束するので，無限
積の対数をとった無限和を考える．

$$\log L(s) = -\sum_{p \neq 2} \log \left(1 - \frac{(-1)^{\frac{p-1}{2}}}{p^s} \right).$$

ここで，テイラー展開

$$\log(1 - X) = -\sum_{n=1}^{\infty} \frac{X^n}{n}$$

を $X = \frac{(-1)^{\frac{p-1}{2}}}{p^s}$ に対して適用すると，

$$\log L(s) = \sum_{p \neq 2} \sum_{n=1}^{\infty} \frac{1}{n} \left(\frac{(-1)^{\frac{p-1}{2}}}{p^s} \right)^n.$$

この級数の収束を示すために，まず分子 $(-1)^{\frac{p-1}{2}}$ を処理

する．これは，p の値によって ± 1 のいずれかとなるが，すべての項の符号を $+1$ とした級数の収束を示せば十分である．なぜなら，± 1 が混在した場合は打ち消し合いが生じ級数の絶対値は 0 に近くなり，より収束しやすくなるからである．すなわち，次の不等式を利用する．

$$
\begin{aligned}
|\log L(s)| &= \left| \sum_{p \neq 2} \sum_{n=1}^{\infty} \frac{1}{n} \left(\frac{(-1)^{\frac{p-1}{2}}}{p^s} \right)^n \right| \\
&\leq \frac{1}{2} \sum_{p \neq 2} \sum_{n=1}^{\infty} \left| \left(\frac{(-1)^{\frac{p-1}{2}}}{p^s} \right)^n \right| \\
&= \frac{1}{2} \sum_{p \neq 2} \sum_{n=1}^{\infty} \left(\frac{1}{p^s} \right)^n \\
&= \frac{1}{2} \sum_{p \neq 2} \sum_{n=1}^{\infty} \frac{1}{(p^n)^s}.
\end{aligned}
$$

ここで，p^n は「奇素数のべき乗」をわたるが，これを「すべての自然数」でわたらせても $s > 1$ で収束することを，§5.1 定理［ゼータ関数の絶対収束域］でみた．すなわち，次の不等式により，収束が示された．

$$
\begin{aligned}
|\log L(s)| &\leq \frac{1}{2} \sum_{p \neq 2} \sum_{n=1}^{\infty} \frac{1}{(p^n)^s} \\
&\leq \frac{1}{2} \sum_{n=1}^{\infty} \frac{1}{n^s} < \infty \quad (s > 1). \qquad \square
\end{aligned}
$$

なお，今の証明中で，無限積の収束を示すために対数を

とって無限和の形にしてから，各項の絶対値をとった級数の収束を示した．実は，無限積の**絶対収束**は「対数をとった無限和の絶対収束」と定義されるので，今示した収束は，絶対収束である．$L(s)$ のオイラー積表示は，$s > 1$ において絶対収束する．一方，§3.1 で示したように，$L(s)$ のオイラー積表示は $s = 1$ においても収束するが，それは絶対収束ではない．

　この定理からわかることは，重みのパラメーターを $s > 1$ としたとき，素数全体の「重み付き個数」が収束するため，「4 で割って 3 余る素数」も「4 で割って 1 余る素数」もすべて有限の「重み付き個数」を持つということである．したがって，それらの差も有限である．

　第 3 章では，オイラーが $s = 1$ のときに観察した

$$\lim_{x \to \infty} (\pi_1(x, 4, 1) - \pi_1(x, 4, 3))$$

$$= \sum_{p:\ 奇素数} \frac{(-1)^{\frac{p-1}{2}}}{p} = -0.3349816\cdots$$

を紹介し，これが有限の値に収束することを証明した．このとき，$\pi_1(x, 4, a)$ $(a = 1, 3)$ はともに非有界で，$\frac{1}{2} \log \log x$ の挙動で発散する．すなわち，「重み付き個数」の差において，無限大に発散する項どうしが打ち消し合い，結果として差は有限になった．この「無限大の打ち消し合い」という現象は，よく考えてみると，深い事実を表している．$\frac{1}{p}$ という分数は，p が小さいほど大きく，大きいほど小さい．

前節でみた「偶数と奇数」の場合と異なり，4 で割って「3 余る素数」と「1 余る素数」は，規則的に現れるわけではない．素数の振る舞いは予測不能であり，突如として一方が連続して現れるなど，様々なパターンをとる．人類はいまだにその不規則さを捉えることに成功していない．そうした状況下にありながら，「$\frac{1}{p}$ の和の挙動が一致する」という事実は，画期的である．「3 余る素数」と「1 余る素数」が，あまり極端に偏らず，同程度の大きさの素数が適切な頻度で出現し合い，その状態が無限大まで安定して続くことを表現しているからである．これに対し，$s > 1$ のときは，すべてが有限になり，単なる有限の極限値どうしの引き算になるため，得られる結果に $s = 1$ のときほどのインパクトはないといえる．

　すると，次に「$0 < s < 1$ ではどうか」との期待がわく．この場合，$\pi_s(x, 4, a)$ はさらに大きくなるから，無限大どうしの引き算においても，より莫大な打ち消し合いが期待できる．もし，より大きな項どうしがぴったり一致して完全に打ち消し合えば，かつてない深い成果に到達できるだろう．

　そこで，これまで $s \geqq 1$ において得られてきた様々な結果にならい，$0 < s < 1$ で証明できることを考えてみたい．ここまでの証明は「オイラー積」が出発点だった．はたして，$0 < s < 1$ でもオイラー積は有効なのだろうか，そこがポイントである．前の定理では，「オイラー積が収束する一つの十分条件」として，$s > 1$ を挙げ，それは絶対収

束だった．それに加え，§3.1 でみたように，$s = 1$ のとき
は「絶対収束ではない収束」により，オイラー積が存在して
いた．それらの結果を合わせると，今のところ得られて
いるオイラー積の収束範囲は，$s \geqq 1$ である．この範囲を
さらに広げることは可能だろうか？ すなわち，$0 < s < 1$
において，オイラー積は収束するのだろうか．

　実は，これは未解決問題なのである．数学界最大の未解
決問題といわれる「リーマン予想」が，まさにこれである．

　以下，リーマン予想について説明する．本書で用いるリー
マン予想は，後ほど述べるように「オイラー積の収束範囲
を $s > \frac{1}{2}$ まで広げられる」という命題であり，これは，こ
こまでの文脈から自然な流れで捉えられる内容である．し
かし，通常の数学における「リーマン予想」は，これと異
なる書き方で表現されることが多いため，リーマン予想を
知っている読者には違和感があるかもしれない．そこで，
そうした読者のために，まず「通常のリーマン予想」につ
いて一通りの解説を行い，本書で用いるリーマン予想との
関連を述べる．「通常のリーマン予想」は本書の目的と無関
係であるから，気にならない読者は p.230「リーマン予想
下での $L(s)$ の表示」に飛んで差し支えない．

　以降，いわゆる「通常のリーマン予想」を「リーマン予
想（古典的な形）」と表記する．これに対し，本書で用いる
リーマン予想は「リーマン予想（オイラー積による表記）」
である．

┌─ **$L(s)$ のリーマン予想（古典的な形）** ─────

$L(s) = 0$ の解は，$\mathrm{Re}(s) > 0$ ならば，次式を満たす．

$$\mathrm{Re}(s) = \frac{1}{2}.$$

└──────────────────────────

　この「古典的な形」を理解するには，$L(s)$ を複素関数として捉える必要がある．先ほど，$L(s)$ のディリクレ級数表示

$$L(s) = \sum_{\substack{n \geq 1 \\ n \text{ は奇数}}} \frac{(-1)^{\frac{n-1}{2}}}{n^s}$$

が実数の範囲 $s > 0$ で収束することを説明したが，s を複素数としたとき，この表示は半平面 $\mathrm{Re}(s) > 0$ で収束することが知られており，その領域で複素関数 $L(s)$ を定義できる．そこで，$\mathrm{Re}(s) > 0$ において方程式 $L(s) = 0$ を解いてみると，解は無数に存在し，しかもすべて虚数であることが証明できる．それらすべての解の実部が $1/2$ であることが，上の「リーマン予想（古典的な形）」の主張である．

　これに対し，本書で用いるリーマン予想は，次の形である．

　この予想は，先に記した「リーマン予想（古典的な形）」と同値である．その理由を以下に概説する．

　はじめに，「リーマン予想（オイラー積による表記）」が成り立つと仮定する．無限積の収束は，その対数である無限和の収束によって定義される．有限の数の対数は，ほとんどの場合に有限であるが，0 の対数だけは例外であり，

$$\lim_{x \to +0} \log x = -\infty$$

となる．よって，もし無限積が収束すれば，収束の定義によってその対数が収束するので，無限積は 0 以外の値となる．「無限積の収束」は「値が非零」を含むのである．したがって，$L(s)$ のオイラー積が $s > 1/2$ で収束すれば，$s > 1/2$ で $L(s) \neq 0$ となる．

　さらに，もし実数の区間 $s > 1/2$ の上でオイラー積が収束すれば，複素平面の領域 $\mathrm{Re}(s) > 1/2$ の上でも収束することが知られている．よって，$\mathrm{Re}(s) > 1/2$ で $L(s) \neq 0$ が成り立つ．

　一方，$L(s)$ には関数等式という次の形の公式が知られ

ている.

$$L(s) = L(1 - s) \times (\text{ガンマ因子}).$$

「ガンマ因子」の部分は，$0 < \mathrm{Re}(s) < 1$ で 0 以外の値で
あることが証明されている．したがって，仮に $s = \rho$ が
方程式 $L(s) = 0$ の解である[1]とすると，$s = 1 - \rho$ も解
である．この 2 つの解は平均（複素平面内の中点）が

$$\frac{\rho + (1 - \rho)}{2} = \frac{1}{2}$$

であるから，一方が $\mathrm{Re}(s) > 1/2$ なら，他方は $\mathrm{Re}(s) <
1/2$ である．したがって，先ほど示した「$\mathrm{Re}(s) > 1/2$
で $L(s) \neq 0$」という事実から，「$0 < \mathrm{Re}(s) < 1/2$ でも
$L(s) \neq 0$」という結論を得る．よって，リーマン予想（古
典的な形）が成り立つ．以上で，「オイラー積による表記」
から「古典的な形」が導けることが示された．

　逆に，「古典的な形」から「オイラー積による表記」が導
けることは，自明ではない．2005 年にコンラッドという
数学者によって証明された定理[2]である．

　以上のことから，前で述べた 2 つの「リーマン予想」は
同値となる．本書では，素数にわたる無限級数の挙動を調
べるために，「リーマン予想（オイラー積による表記）」を
活用する．

---

[1] ギリシア文字の ρ（ロー）は，ゼータ関数や L 関数の零点を表すのに
よく用いられる記号である．

[2] K. Conrad, "Partial Euler products on the critical line",
Canad. J. Math. **57** (2005) 267–297.

なお，「リーマン予想（オイラー積による表記）」が正しい場合，収束域 $\mathrm{Re}(s) > 1/2$ において，$L(s)$ が 2 通りの表記を持つが，それらの値が明らかに等しいといえるのは絶対収束域 $\mathrm{Re}(s) > 1$ においてのみである．他の領域 $1/2 < \mathrm{Re}(s) \leqq 1$ において，それらが等しいことは自明ではない．その理由は次章で（$s = 1/2$ の場合に 2 通りの表記の値が異なる例を挙げ）説明する．しかし，$1/2 < \mathrm{Re}(s) \leqq 1$ において，2 つの表記は，明らかではないものの（オイラー積が収束する限り）等しいことが知られている．それを定理の形で記しておく．

定理［リーマン予想下での $L(s)$ の表示］

リーマン予想が成り立つならば，$\mathrm{Re}(s) > 1/2$ において次式が成り立つ．

$$L(s) = \sum_{\substack{n \geqq 1 \\ n \text{ は奇数}}} \frac{(-1)^{\frac{n-1}{2}}}{n^s} = \prod_{p \neq 2} \left(1 - \frac{(-1)^{\frac{p-1}{2}}}{p^s}\right)^{-1}.$$

　一点，注意をしておくと，この「リーマン予想（オイラー積による表記）」は，オイラーの L 関数 $L(s)$ だけでなく他の多くの L 関数でも成り立つと考えられている．ただし，ゼータ関数 $\zeta(s)$ だけは例外である．少し考えれば明らかなように，$\zeta(s)$ の定義式は「すべての項が正」であり，打ち消し合いが起きない．第 2 章でみた「調和級数の発散」

から $\zeta(1) = \infty$ であり，$s = 1$ においてはオイラー積も発散する．そして，それより小さな s では発散が続く（収束できない）ことが証明されるので，$s < 1$ において $\zeta(s)$ のオイラー積が収束することはあり得ない．

ただし，$\zeta(s)$ に対し，「オイラー積の収束」に代えて「オイラー積の発散の様子[3]」を特定することで，リーマン予想の新たな表示を得ることができる．

ところで，リーマン予想は，なぜ重要だと考えられているのだろうか．理由の一つは，これが古来人類が抱えてきた素数の謎，つまり「量的分布」や「質的分布」に関わっているからである．

第 1 章でみたように，量的分布は「x 以下の素数の個数」$\pi(x)$ を求める問題だが，仮にそれを完全に求められれば，質的分布も自動的に解明されるのだった．第 1 章で触れた「リーマンの明示公式」によれば，$\pi(x)$ はゼータ関数の零点 ρ たちを用いて完全に書き下すことができる．すなわち，ρ の全貌をつかめば，$\pi(x)$ を求められるのだ．だから，ρ の情報をある程度規定する「リーマン予想」が，素数の謎の解明に役立つことは，納得できる．

ただ，従来の「古典的な形」では，素数との関連がやや間接的であった．その事情を説明するために，リーマン予想と「素数定理の誤差項」の関係を次に解説する．

---

[3] H. Akatsuka, "The Euler product for the Riemann zeta-function in the critical strip" Kodai Mathematical Journal **40** (2017) 79-101.

p.167 で示した素数定理

$$\pi(x) = \text{Li}(x) + (\text{誤差項})$$

やディリクレ素数定理（算術級数定理）

$$\pi(x, 4, a) = \frac{1}{2}\text{Li}(x) + (\text{誤差項}) \quad (a = 1, 3)$$

の「誤差項」の部分は「主要項 $\text{Li}(x)$ よりも小さい」という性質があるが，「どれくらい小さいか」はよくわかっていない．§2.6 でみたように，対数積分関数は

$$\text{Li}(x) \sim \frac{x}{\log x} \quad (x \to \infty)$$

を満たすので，誤差項が $O(x)$，すなわち「x で割ると有界」，言い換えれば

$$x \times (\text{有界な関数})$$

の形になることは自明だが，この x の指数である「1 乗」を改善し，たとえば，誤差項 $O(x)$ が $O(x^\theta)$ $(\theta < 1)$ となる θ を見出すことは，これまでに誰も成功していない．$\theta = 1$ のわずかな改善（たとえば，$\theta = 0.99999$）すら得られていないのである．

そして，この θ は，ゼータ関数 $\zeta(s)$ や L 関数 $L(s)$ の方程式

$$\zeta(s) = 0, \qquad L(s) = 0$$

が解を持たない範囲（これを**非零領域**という）の左端の値

に等しいことが，明示公式から証明される．つまり，ゼータ関数や L 関数の非零領域を拡張すればするほど，素数定理の精度を改善できるということである．

この状況をアニメーション風に解説すると，次のようになる．

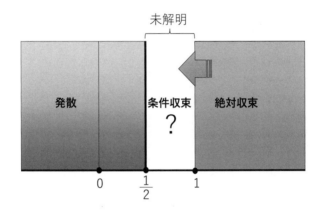

この図は複素数平面であり，最下部の横線が実軸である．実部 $1/2$ の縦線より左側では，オイラー積の発散が証明されている．一方，実部 1 の縦線より右側では，オイラー積が絶対収束するので L 関数は非零であることがわかっている．この非零領域を左側に広げること（図の矢印）が問題である．したがって，未解明の領域は実部が $1/2$ と 1 の間であり，そこでオイラー積の収束発散が問題となるが，絶対収束しないことはすでにみたので，条件収束するかどうかが問題となる．この段階で得られる素数定理の誤差項は

自明な $o(x)$ のみ. すなわち, 誤差項の指数は x の「1 乗」
である.

ここで, 仮にこの問題に少し進展があり, 非零領域を
$s > \alpha \ (1/2 < \alpha < 1)$ まで拡張できたとする (次図).

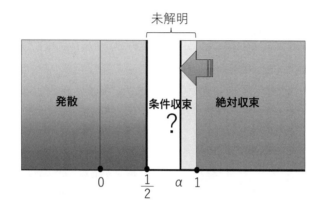

そうすると, 誤差項の指数は α に改善できる. この事
実は, リーマンの明示公式から得られる. 素数定理 $\pi(x)$
および算術級数定理 $\pi(x, 4, a) \ (a = 1, 3)$ の双方に対し,
次式が成り立つことが証明できる[4].

$$\pi(x) = \mathrm{Li}(x) + O(x^\alpha \log x) \quad (x \to \infty),$$

$$\pi(x, 4, a) = \frac{1}{2}\mathrm{Li}(x) + O(x^\alpha \log x) \quad (x \to \infty).$$

よって, 任意の $\varepsilon > 0$ に対して

---

[4] 拙著『素数とゼータ関数』(共立出版, 2015) 定理 4.10, 定理 5.22.

$$\pi(x) = \mathrm{Li}(x) + O(x^{\alpha+\varepsilon}) \quad (x \to \infty),$$

$$\pi(x, 4, a) = \frac{1}{2}\mathrm{Li}(x) + O(x^{\alpha+\varepsilon}) \quad (x \to \infty)$$

が成り立ち，先ほどの θ を求める問題の答えとして $\theta = \alpha+\varepsilon$ が得られる．

そして，非零領域をさらに拡張でき，「1/2 より右側で条件収束」がいえたとする．これがリーマン予想である（次図）．

(深)リーマン予想

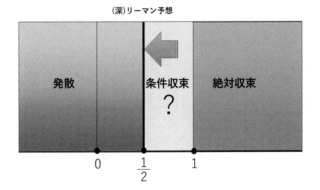

このとき，素数定理の改善は，先ほどの式で $\alpha = 1/2$ とした次式が成り立つ．

$$\pi(x) = \mathrm{Li}(x) + O(\sqrt{x}\log x) \quad (x \to \infty),$$

$$\pi(x, 4, a) = \frac{1}{2}\mathrm{Li}(x) + O(\sqrt{x}\log x) \quad (x \to \infty).$$

よって，任意の $\varepsilon > 0$ に対して

$$\pi(x) = \mathrm{Li}(x) + O(x^{\frac{1}{2}+\varepsilon}) \quad (x \to \infty),$$

$$\pi(x,4,a) = \frac{1}{2}\mathrm{Li}(x) + O(x^{\frac{1}{2}+\varepsilon}) \quad (x \to \infty).$$

実部が $1/2$ より小さい領域で発散することは既知であるから，α の値（誤差項の指数）をこれ以上小さくすることはできない．$\alpha = 1/2$ が最良であり，これが誤差項の指数としては最善である．

しかし，この $\alpha = 1/2$ のとき「$s > 1/2$」を「$s \geqq 1/2$」にして境界の $1/2$ も含むところまで拡張すると，指数以外の部分で進展が得られる．これが，次章の主題となる「深リーマン予想」である．

以上をまとめると，非零領域の拡張によって「素数定理の精密化」，すなわち，誤差項の改善が得られ，リーマン予想はその究極の形（少なくとも指数については最良の $1/2$）をもたらすのである．これが，古典的なリーマン予想と素数分布問題との関係である．「素数の個数 $\pi(x)$ を求めることが，素数の謎の解明である」との考えに立てば，上の事実は，リーマン予想が重要である理由の一つの説明になっている．

しかし，この説明は，数式上は理解できるものの，直感的には把握しづらいともいえる．そう感じる理由は，まず，上の事実が $\pi(x)$ の主要項でなく「誤差項」に関する命題であること．さらに，誤差項そのものではなく，その「オーダー」（何乗か）にしか言及していないからである．

これに対し，$L(s)$ のリーマン予想を「オイラー積の収

束」とみなすと，より直接的に素数分布との関係を捉えられる．それは，素数の「重み付き個数」の比較に役立つからである．以下に，その事実を定理として述べる．

定理［重み付き個数の差 $(s > 1/2)$］

$L(s)$ のリーマン予想が正しければ，

$$\pi_s(x, 4, 3) - \pi_s(x, 4, 1) \quad (s > 1/2)$$

は，$x \to \infty$ において有限の値に収束する．

証明　奇素数 p に対し $\chi(p) = (-1)^{\frac{p-1}{2}}$ とおくと，仮定より $s > 1/2$ に対し，以下の $L(s)$ のオイラー積表示は収束する．

$$L(s) = \lim_{x \to \infty} \prod_{\substack{p \neq 2 \\ p \leqq x}} \left(1 - \frac{\chi(p)}{p^s}\right)^{-1}.$$

両辺の対数をとると，

$$\log L(s) = \lim_{x \to \infty} \sum_{\substack{p \neq 2 \\ p \leqq x}} \log \left(1 - \frac{\chi(p)}{p^s}\right)^{-1}.$$

右辺の $\log$ のテイラー展開

$$\sum_{2 < p \leqq x} \log \left(1 - \frac{\chi(p)}{p^s}\right)^{-1}$$

$$= \sum_{2 < p \le x} \frac{\chi(p)}{p^s} + \sum_{2 < p \le x} \sum_{k=2}^{\infty} \frac{\chi(p)^k}{k p^{sk}}$$

において，右辺の第 1 項は，重み付き個数の定義

$$\pi_s(x, q, a) = \sum_{\substack{p < x:\ \text{素数} \\ p \equiv a \ (\mathrm{mod}\ q)}} \frac{1}{p^s} \qquad (s \ge 0)$$

より，$\pi_s(x, 4, 1) - \pi_s(x, 4, 3)$ に等しい．また，第 2 項は，次の変形により，$x \to \infty$ において収束する．

$$\begin{aligned}
\sum_{2 < p \le x} \sum_{k=2}^{\infty} \left| \frac{\chi(p)^k}{k p^{sk}} \right| &\le \frac{1}{2} \sum_{2 < p \le x} \sum_{k=2}^{\infty} \frac{1}{p^{sk}} \\
&= \frac{1}{2} \sum_{2 < p \le x} \frac{\frac{1}{p^{2s}}}{1 - \frac{1}{p^s}} \\
&= \frac{1}{2} \sum_{2 < p \le x} \frac{1}{p^s(p^s - 1)} \\
&\le \frac{1}{2} \sum_{n=2}^{\infty} \frac{1}{n^s(n^s - 1)} \\
&= \frac{1}{2} \sum_{n=2}^{\infty} \left(\frac{1}{n^s - 1} - \frac{1}{n^s} \right) = \frac{1}{2}.
\end{aligned}$$

よって，第 2 項の $x \to \infty$ における極限値を $M(s)$ とおくと，

$$\log L(s) = \lim_{x \to \infty} (\pi_s(x, 4, 1) - \pi_s(x, 4, 3)) + M(s)$$

となるので，移項すると次式が成り立つ．

$$\lim_{x \to \infty} (\pi_s(x, 4, 3) - \pi_s(x, 4, 1)) = M(s) - \log L(s). \quad \square$$

　この定理で得た極限値の符号が，もし正ならば，すなわち，$M(s) - \log L(s) > 0$ なら，4 で割って「3 余る素数」の方が「1 余る素数」よりも「重み付き個数」が多く，逆に $M(s) - \log L(s) < 0$ なら，「1 余る素数」の方が多いということになる．第 3 章で $s = 1$ のとき，この値は

$$M(1) - \log L(1) = 0.3349816 \cdots > 0$$

が成り立ち「3 組の勝利」となった．これに対し，$1/2 < s < 1$ のときは，無限大どうしの打ち消し合いがより激しく起きるので，より興味深い．そこでも引き続き $M(s) - \log L(s) > 0$ が成り立ち「3 組優勢」が続くことが予想される．極限値 $M(s) - \log L(s)$ の符号を求めて勝敗を突き止めたいと思う向きもあるだろう．しかし，ここではそのことに深入りしないでおく．

　その理由は，さらに収束範囲を広げて $s = 1/2$ まで考えたとき，より劇的な変化が起き，それによって「3 組優勢」が確定し，「偏り」の数学的な定式化が可能となり，「チェビシェフの偏り」の背景が明らかになるからである．それが「深リーマン予想の真意」であり，本書の最終到達点となる．

第 **6** 章

深リーマン予想による解明

深リーマン予想を仮定すると，チェビシェフの偏りをどのように表現することができるのか．そして，その表現から見えてくる「素数の本質」とはなにか．未解決問題をめぐる最先端の数学を味わい，「数の原子」を探求する学問をぜひ体感してほしい．

　前章で「$L(s)$ のオイラー積表示の収束範囲 $s \geq 1$ を $s > 1/2$ まで広げられるだろう」という「リーマン予想」を紹介した．この範囲に境界を加え $s \geq 1/2$ に深化させた予想を「深リーマン予想」と呼ぶ．

　深リーマン予想は，2012 年に東京工業大学の黒川信重教授（現名誉教授）によって提唱[1]された．数学の予想には強弱がある．2 つの予想 A, B があり，「A が成り立てば（自動的に）B が成り立つ」という場合，「A は B より強い」「A は B を含む」などという．リーマン予想（the Riemann Hypothesis, 略称 RH）に対し，より強い予想はこれまで他にも存在した．たとえば，一般リーマン予想（the Generalized Riemann Hypothesis, 略称 GRH）が有名である．これは，対象をリーマン・ゼータ関数から「任意のディリクレ L 関数」に広げた主張である．リーマン・ゼータ関数もディリクレ L 関数の一種であるから，もし GRH が成り立てば必然的に RH が成り立つ．GRH は RH を含む，より強い予想である．

　しかし，深リーマン予想はこれらの既知の拡張とは全く異なる，新規の「強め方」である．数学にあまたある未解決問題の中で，リーマン予想だけは稀有な難問として知られる．それは，1900 年の「ヒルベルトの 23 問題」に取り上

---

[1] 黒川信重『リーマン予想の探求 〜ABC から Z まで〜』（技術評論社，2012）．

げられ，そのまま 100 年後も形を変えずに 2000 年の「ミレニアム問題」の 7 題中の 1 問として掲げられた唯一の問題だからである．多くの研究者によって周辺の成果は得られてきたものの，リーマン予想自体については全く進展がない．現代数学において，これほど解決の糸口すらつかめない問題は，他に例がない．黒川教授は，ここまで異常ともいえる状態が引き起こされたのは，予想の定式化が不完全であるためではないかと考えた．つまり，予想自体が中途半端であり，主張がわかりにくく，解ける形に整理されていないということである．そこで，より本質的な真実を探る中で到達したのが，深リーマン予想である．

　そういう意味で，これは従来の数学で考えられてきた単なる「強い予想」とは質の異なる「深さ」を持った予想である．「深」の命名について，私自身が黒川教授から直接真意を伺ったことはなく，ここで述べたことは私見に過ぎない．ただ，黒川教授は私の大学院時代の恩師であり，その後も師匠かつ共同研究者として非常に多くの数学的な議論を（雑談も含め）していただいた．そうした数十年にわたってお付き合いをさせていただいた印象から得た実感を述べている．

　なお，数理物理学者の木村太郎氏（フランス・ブルゴーニュ大学教授）も，当時，黒川教授と独立に深リーマン予想に近い概念に到達[2]していたことを付記しておく．

---

[2] 詳細な経緯は拙著『数学の力　高校数学で読みとくリーマン予想』（日経サイエンス社，2020）あとがき，及び，『素数って偏ってるの？　～ABC 予想，コラッツ予想，深リーマン予想～』（技術評論社，2023）column 29 に記した．

深リーマン予想（the Deep Riemann Hypothesis, 略称 DRH）の研究が始まったのは，2012 年以降である．当初は黒川教授とその周辺の研究者のみによって論文が出版されていたが，その後，海外の研究者からも引用されるようになり，次第にこの予想は普及しつつある．実際，整数論の世界的権威であるピーター・サルナック教授（米国プリンストン大学）は黒川教授と私へのメールの本文で「The Deep Riemann Hypothesis」という語を用いていたし，本書で紹介するチェビシェフの偏りに関する成果には，海外の複数の研究者から反響が寄せられている．研究の現場の話題が一般の読者に届く形で伝えられる機会は，数学においては稀であろう．この最終章では，いよいよその一端を紹介する．最先端の数学を味わっていただければと思う．

　前置きが長くなった．数学の中身に戻ろう．本章の目的は，深リーマン予想を用いて「チェビシェフの偏り」を解明することである．すなわち，深リーマン予想を仮定すると，1 組と 3 組の試合において，3 組の勝利が確定することがわかる．
　深リーマン予想は，$s = 1/2$ におけるオイラー積の収束を主張する．ただし，オイラー積の値は $L(s)$ と等しくない．次のようになる．

$L(s)$ の深リーマン予想 ───────

$L(s)$ のオイラー積表示は，$s = 1/2$ において収束し，その値は $\sqrt{2}\, L(1/2)$ に等しい.

───────────────────

　実際に，X が 1000 万のときに計算機で

$$L(1/2) = \lim_{X \to \infty} \sum_{\substack{1 \leqq n \leqq X \\ n \text{ は奇数}}} \frac{1}{\sqrt{n}}$$

の右辺の lim の中身を計算すると $0.667691\cdots$ となり，$L(1/2)$ はその値に近いのだが，一方，オイラー積

$$\lim_{X \to \infty} \prod_{2 < p \leqq X} \left(1 - \frac{(-1)^{\frac{p-1}{2}}}{p^s}\right)^{-1}$$

における lim の中身は $0.945909\cdots$ であり，その比は約 $\sqrt{2} = 1.41421\cdots$ となっている.

　2 通りの表示がともに収束していながら値が異なる現象を奇異に感じる読者もいるかもしれないので，事情を説明しておく. 無限級数や無限積には，絶対収束とそれ以外の収束（**条件収束**）の 2 種類がある. 無限積は，対数をとり無限和に変形して考えるので，無限級数に帰着される. 以下，無限級数についてのみ解説する.

　絶対収束する無限級数には著しい特徴がある. それは，「足し算の順序を変えても和の値が変わらない」という「足し算の交換法則」が成り立つことである. そんなことは小学生でも知っていると思われるかもしれないが，それは有

限個の足し算の話である．一般に，無限和は，足し算の順序を変えると和の値が変わる．

簡単な例として，以下の交代級数がある．

$$1 - \frac{1}{2} + \frac{1}{3} - \frac{1}{4} + \frac{1}{5} - \frac{1}{6} + \frac{1}{7} - \frac{1}{8} + \cdots = \log 2.$$

この等式を示すには，対数関数のテイラー展開の公式

$$\log(1 + x) = \sum_{n=1}^{\infty} \frac{(-1)^{n+1}}{n} x^n$$

に $x = 1$ を代入すればよい．第2章でこの公式を紹介したときには，x の範囲を $-1 < x < 1$ としていたが，第5章で解説した「ライプニッツの判定法」を用いると，$x = 1$ のときは各項が単調減少で 0 に収束する交代級数になることから収束し，範囲を $-1 < x \leqq 1$ に拡張できるのである．この $x = 1$ での収束は，絶対収束ではない．各項の絶対値をとると，調和級数になり発散するからである．

次に，この級数において「正の項を2つ加えてから負の項を1つだけ加える（引く）」というように，足し算の順序を変えてみる．すると，次のように，値が $\frac{3}{2}$ 倍になる[3]．

$$\left(1 + \frac{1}{3} - \frac{1}{2}\right) + \left(\frac{1}{5} + \frac{1}{7} - \frac{1}{4}\right) + \cdots = \frac{3}{2}\log 2$$

これら2つの級数は，いずれもすべての自然数 n にわたり，トータルでは同じものを扱っているが，後者は常に正がリードした状態のまま極限をとるため，和の値は大きく

---

[3] 証明は高校数学の範囲で可能である．拙著『素数からゼータへ，そしてカオスへ』（日本評論社，2010）第2章を参照．

なる.

　さらに，もし「正が 2 つ，負が 1 つ」の個数を変更すれ
ば，和の値は任意の実数になり得ることも証明できる. 実
際，はじめに正の項ばかりを続けて 10 項，100 項，1000 項
と加えれば，和の値はいくらでも大きくなるし，逆に負の
項ばかりを加えればいくらでも小さくなる. よって，和の
値のとり得る範囲は $-\infty$ から ∞ まで非有界となる. そ
して，その間の任意の値をとり得ることは，各項の絶対値
が 0 に近づくことからわかる. 最終的な変動がいくらでも
小さくなるので，十分先の方で和の順序を入れ替えれば，
どんな小さな微調整も可能となり，任意の実数に収束させ
ることができるからである.

　つまり，級数が絶対収束でない場合は，収束のために打
ち消し合いが必須となるが，その際に「各項がどの項と打
ち消すか」という，いわば「対戦の組合せ」によって勝敗
がいかようにも変わり得るのだ. 以上が，絶対収束しない
無限和の値が，足し算の順序によって変わることの説明で
ある.

　$L(s)$ に話を戻すと，$L(s)$ はディリクレ級数で定義され
ているので，その値は「x 以下の自然数」にわたる有限和
で $x \to \infty$ とした極限値である. つまり，小さい方から
順に自然数を足している. それに対し，オイラー積は，「x
以下の素数」にわたる有限積で $x \to \infty$ とした極限値であ
る. その有限積を展開すると「x 以下の素因数」のみから
なる自然数にわたる和になる. もしそこで $x \to \infty$ とすれ

ば，それは最終的にすべての自然数にわたる和となるが，極限に至る過程における和の順序がディリクレ級数のときと異なるため，値が等しくなるとは限らない．以上が，オイラー積の値が $L(s)$ に一致するとは限らない理由である．

深リーマン予想を仮定すると，前章で行った議論が，そのまま $s = 1/2$ まで適用できる．すなわち，これまでは，s が小さいほど「重み付き個数」の打ち消し合いが派手になり，自明でない結果が得られることをみてきた．ここで，もう一歩進めて $s = 1/2$ とすることで，さらなる成果が得られることが期待されるのだ．その結果は次のようになる．

定理［重み付き個数の差 $(s = 1/2)$］

$L(s)$ の深リーマン予想が正しければ，次式が成り立つ．

$$\pi_{\frac{1}{2}}(x, 4, 3) - \pi_{\frac{1}{2}}(x, 4, 1) \sim \frac{1}{2} \log \log x \quad (x \to \infty).$$

証明 奇素数 p に対し $\chi(p) = (-1)^{\frac{p-1}{2}}$ とおくと，仮定より $s = 1/2$ に対する以下の $L(s)$ のオイラー積表示は収束する．

$$\sqrt{2} \, L(1/2) = \lim_{x \to \infty} \prod_{\substack{p \neq 2 \\ p \leq x}} \left(1 - \frac{\chi(p)}{\sqrt{p}} \right)^{-1}.$$

両辺の対数をとると，

$$\frac{1}{2}\log 2 + \log L(1/2) = \lim_{x \to \infty} \sum_{\substack{p \neq 2 \\ p \leqq x}} \log\left(1 - \frac{\chi(p)}{\sqrt{p}}\right)^{-1}.$$

以下, p を奇素数とし, $p \neq 2$ を略記する. 右辺のテイラー展開

$$\sum_{p \leqq x} \log\left(1 - \frac{\chi(p)}{p^{\frac{1}{2}}}\right)^{-1} = \sum_{p \leqq x} \sum_{k=1}^{\infty} \frac{\chi(p)^k}{k p^{\frac{k}{2}}}$$

を, $k = 1$, $k = 2$, $k \geqq 3$ の 3 つの部分に分けて考える. まず, $k = 1$ の部分は, 重み付き個数の定義

$$\pi_{\frac{1}{2}}(x, q, a) = \sum_{\substack{p < x: \text{素数} \\ p \equiv a \pmod{q}}} \frac{1}{\sqrt{p}}$$

より, 次のようになる.

$$\sum_{p \leqq x} \frac{\chi(p)}{\sqrt{p}} = \pi_{\frac{1}{2}}(x, 4, 1) - \pi_{\frac{1}{2}}(x, 4, 3).$$

次に, $k = 2$ の部分は, $\chi(p) = \pm 1$ より $\chi(p)^2 = 1$ であることと, 第 2 章の定理 [素数の逆数の和の挙動] により, 次のようになる.

$$\sum_{p \leqq x} \frac{\chi(p)^2}{2p} \sim \frac{1}{2}\log\log x \quad (x \to \infty).$$

最後に, $k \geqq 3$ の部分は収束することが, 以下のようにして証明できる.

$$\sum_{p \leqq x} \sum_{k=3}^{\infty} \left| \frac{\chi(p)^k}{kp^{\frac{k}{2}}} \right| \leqq \frac{1}{3} \sum_{p \leqq x} \sum_{k=3}^{\infty} \frac{1}{p^{\frac{k}{2}}} \leqq \sum_{n=1}^{\infty} \frac{1}{n^{\frac{3}{2}}} = \zeta(3/2).$$

よって，$k \geqq 3$ の部分の極限値を M とおくと，3 つの部分を合わせて次式が成り立つ．

$$\frac{1}{2} \log 2 + \log L(1/2)$$
$$= \lim_{x \to \infty} \left(\pi_{\frac{1}{2}}(x, 4, 1) - \pi_{\frac{1}{2}}(x, 4, 3) + \frac{1}{2} \log \log x + M \right).$$

移項して定数を右辺にまとめると，

$$\lim_{x \to \infty} \left(\pi_{\frac{1}{2}}(x, 4, 1) - \pi_{\frac{1}{2}}(x, 4, 3) + \frac{1}{2} \log \log x \right)$$
$$= \frac{1}{2} \log 2 + \log L(1/2) - M.$$

右辺は定数だから，$\frac{1}{2} \log \log x$ で割って $x \to \infty$ とした極限は 0 である．したがって，

$$\lim_{x \to \infty} \frac{\pi_{\frac{1}{2}}(x, 4, 1) - \pi_{\frac{1}{2}}(x, 4, 3) + \frac{1}{2} \log \log x}{\frac{1}{2} \log \log x} = 0.$$

左辺を書き換えると

$$\lim_{x \to \infty} \left(\frac{\pi_{\frac{1}{2}}(x, 4, 1) - \pi_{\frac{1}{2}}(x, 4, 3)}{\frac{1}{2} \log \log x} + 1 \right) = 0.$$

よって，

$$\lim_{x \to \infty} \frac{\pi_{\frac{1}{2}}(x, 4, 3) - \pi_{\frac{1}{2}}(x, 4, 1)}{\frac{1}{2} \log \log x} = 1.$$

したがって，次式が示された．

$$\pi_{\frac{1}{2}}(x,4,3) - \pi_{\frac{1}{2}}(x,4,1) \sim \frac{1}{2}\log\log x \quad (x \to \infty).$$

□

　これで，「重み付き個数の差」の挙動が，すべての $s \geqq 1/2$ に対して求められた．$s < 1/2$ のときはオイラー積が発散することが証明されているので，上の方法で挙動が求められる場合は，これですべて尽くされた．

　なお，$0 \leqq s < 1/2$ では，第 4 章でみた $s = 0$ のときの「リトルウッドの定理」と同様の現象になることが証明できる．すなわち，次の定理が成り立つ．

> ### 定理［重み付き個数の差 $(0 \leqq s < 1/2)$］
>
> $0 \leqq s < 1/2$ のとき，
>
> $$\pi_s(x,4,3) - \pi_s(x,4,1)$$
>
> は，$x \to \infty$ において無限回符号を変える．

　以上で，重み付き個数の差 $\pi_s(x,4,3) - \pi_s(x,4,1)$ の挙動を，すべての場合に求められた．結果は次表となる．

　重み付き個数の差は，$s > 1$ と $1/2 < s < 1$ で，どちらも「有限の極限値」であるが，これらの価値は異なる．$s > 1$ のときは「重み付き個数」自体が有限であるから，有限どうしの差が有限なことは自明であるのに対し，$1/2 < s < 1$

s の区間	$L(s)$ の オイラー積	$\pi_s(x,4,3)$ $-\pi_s(x,4,1)$	必要な仮定
$s>1$	絶対収束	有限の極限値	なし
$s=1$	条件収束	$0.3349816\cdots$	なし
$\frac{1}{2}<s<1$	不明	有限の極限値	リーマン予想
$s=\frac{1}{2}$	不明	$\frac{1}{2}\log\log x$	深リーマン予想
$0\leqq s<\frac{1}{2}$	発散	無限回符号変化	なし

のときは「重み付き個数」は無限大に発散するにもかかわらず，その挙動が $\pi_s(x,4,3)$ と $\pi_s(x,4,1)$ で完全に一致して莫大な打ち消し合いが生じ，結果として有限の極限値を産み出している．よって，$s>1$ よりも，$1/2<s<1$ の方に価値がある．

しかし，これらのいずれよりも，ずば抜けて価値が高いのが $s=1/2$ である．このとき「重み付き個数」の差は莫大な打ち消し合いの後，$\frac{1}{2}\log\log x$ で発散する．これが「3組の圧倒的な勝利」を意味し，チェビシェフが発見した「偏り」の数学的な表現であると考えられる．

もし，$1/2<s<1$ のときの「有限の極限値」が正の値であれば，それも「3組の勝利」を表すといえるかもしれない．しかし，それは有限の値なので，素数を限りなく大きくしていったときの偏りを必ずしも表さない．たとえば，第4章で300万以下の素数について偏りのデータを紹介した．300万の時点で「重み付き個数」の差は，正の値の分だけ3組がリードしていた．もし，偏りがそこで終わ

り，300 万から先で 1 組と 3 組の出現のタイミングが均等になったとすると，3 組のリードはそのまま永遠に保たれ，300 万までの貯金によって「重み付き個数の差」は「正の極限値」を持つ．ただ，これでは，無数の素数にわたる級数に関するチェビシェフの疑問に答えたことにならない．

綱引きに例えるなら，「有限の極限値」は綱の中央がどちらかの陣地で静止した状態である．それでも勝負はつくので，勝ったチームを称えるべきだとは思うが，そのチームが絶対的な強さを持っているかといわれると，そう言い切れない面もある．なぜなら，終了の笛が鳴った時点でたまたま綱がその位置にあったのであり，別のタイミングで笛が鳴ったら，別の結果になっていたかもしれない．そもそも，最初に綱を置く位置が少しずれていて，初期状態から全く綱が動いていなかった可能性すらあるかもしれない．

これに対し，$s = 1/2$ の $\frac{1}{2} \log \log x$ は全く異なる．無限大に発散するからである．綱が勝利チームの陣地にどんどん引っ張られ，その動きは止まることが無い．よって，その勝利は，終了の笛がいつ鳴っても揺るがない．最初の綱の位置の設定誤差も全く気にする必要のない，絶対的な勝利なのである．

リーマン予想を仮定

深リーマン予想を仮定

　チェビシェフが観察したのは，そんな「圧倒的な偏り」であったと思う．以上の考察から，「チェビシェフの偏り」の解明は，$s = 1/2$ のときの挙動によってなされるべきである．

6.2　チェビシェフの偏り

　前節までの議論により，第 4 章で紹介した新たな定式化による「チェビシェフの偏り」の定義が得られる．以下に再掲する．

> ### 定義（チェビシェフの偏り）　$(q = 4)$
>
> 「4 で割って 3 余る素数」への「チェビシェフの偏り」
> があるとは，次の漸近式が成り立つことである．
>
> $$\pi_{\frac{1}{2}}(x, 4, 3) - \pi_{\frac{1}{2}}(x, 4, 1) \sim \frac{1}{2} \log \log x \quad (x \to \infty).$$

　右辺が ∞ に発散することが，「3 組の圧勝」を意味している．ここでは素数を「平方根の逆数」という重みで数えているので，小さな素数ほど寄与が大きい．1 組と 3 組は同数なのに 3 組が圧勝ということは，3 組の素数が小さめ，すなわち出現のタイミングが早めの傾向にあることを表している．これが，チェビシェフが見出した「偏り」の正体であり，数学的な定義なのである．

　これで，19 世紀以来の懸案だった「偏り」を，数式として捉えることができた．そして，前節でみたように，定理［重み付き個数の差 $(s = 1/2)$］により，深リーマン予想の仮定下で実際に偏りの存在を証明できる．この事実を以下に定理として記す．

> ### 定理［チェビシェフの偏りの存在］　$(q = 4)$
>
> $L(s)$ の深リーマン予想が正しければ，「4 で割って 3 余る素数」への「チェビシェフの偏り」が存在する．

一般の q に対しても，偏りの概念を拡張できる．第 4 章で触れたように，一般には「強い組」と「弱い組」が同数であるとは限らない．そこで，素数を必ずしも大きさの等しくない 2 つのグループに分けたときの「偏り」を定義する．「x 以下の素数全体の集合」の 2 つの部分集合 $P_1(x)$，$P_2(x)$ があるとする．このとき，$P_1(x)$ と $P_2(x)$ の要素の個数の比の極限が存在すると仮定し，δ とおく．すなわち，

$$\delta = \lim_{x \to \infty} \frac{|P_1(x)|}{|P_2(x)|}.$$

> **定義（チェビシェフの偏り．一般形）**
>
> P_1 に向けた（P_2 に反する）「チェビシェフの偏り」とは，ある正の定数 C が存在して，次の漸近式が成り立つことである．
>
> $$\sum_{p \in P_1(x)} \frac{1}{\sqrt{p}} - \delta \sum_{p \in P_2(x)} \frac{1}{\sqrt{p}} \sim C \log \log x \quad (x \to \infty).$$

　重み付き個数を比較する場合，もともと要素が多い組が有利であるのは当然だが，左辺第 2 項の係数 δ によって集合の大きさを揃え，公平に比較している．

　このように定義を拡張すると，一般の q に対して「素数を q で割った余り」で組分けしたときの「チェビシェフの偏り」の存在を，深リーマン予想の仮定下で証明できる．

その内容は高校数学の範囲を超えるが，結論は「q を法として平方非剰余な（= 平方数でない）余りを持つ素数」への偏りとなる．この定理は，本書の「付録 1」に証明を含めて記した．若干高度な内容になるが，興味のある方は参照されたい．ここでは，実例を一つ挙げておく．

たとえば，「60 で割って 1 余る素数」に偏りがあるかどうかを知りたいとき，$P_1(x)$ を「x 以下の素数全体の集合」，$P_2(x)$ を「x 以下で，60 で割って 1 余る素数の集合」とおく．60 以下で 60 と互いに素な自然数は，

$$1, 7, 11, 13, 17, 19, 23, 29, 31, 37, 41, 43, 47, 49, 53, 59$$

の 16 個あるので，次式が成り立つ．

$$\delta = \lim_{x \to \infty} \frac{|P_1(x)|}{|P_2(x)|} = 16.$$

このとき，60 を法とする任意のディリクレ指標 χ $(\chi \neq \chi_0)$ に対してディリクレ L 関数 $L(s, \chi)$ の深リーマン予想を仮定すると，次の漸近式を証明できる．

$$\sum_{p \in P_1(x)} \frac{1}{\sqrt{p}} - 16 \sum_{p \in P_2(x)} \frac{1}{\sqrt{p}} \sim \frac{7}{2} \log \log x \quad (x \to \infty).$$

すなわち，素数を「60 で割って 1 余る組」と「それ以外」に分けると，「それ以外」の方に偏りがあることがわかる．
図[4]は，この漸近式の両辺の 100 億以下の x について

---

[4] M. Aoki, S. Koyama and T. Yoshida: "Numerical evidence of the Chebyshev biases" J. Number Theory **245** (2023) 257-262. Fig. C より引用.

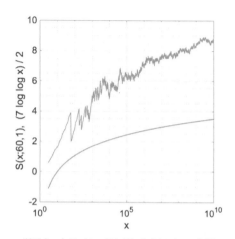

漸近式の左辺（上の折れ線）と右辺（下の曲線）

の計算結果である．挙動の一致がみて取れる（上下の位置
の差は無関係）．余りの 1 は，60 を法として平方剰余であ
るから，この結果は付録 1 の定理の結論に合致する．

　さて，ここで得た「チェビシェフの偏り」の定式化によっ
て，「§4.3 先行研究の欠陥」で指摘した 3 つの欠陥は，す
べて解消されている．

　まず 1 つ目の「偏りの大きさ」は，漸近式中の定数 C に
よって表せる．C は，q の異なる素因数の個数が大きいほ
ど大きいことがわかっており，たとえば，$q = 60$ のときの
$C = \frac{7}{2}$ は，$q = 4$ のときの $C = \frac{1}{2}$ と比べて偏りが大き
いことを表している．先ほどの $q = 60$ のときの図と，第

4 章で示した $q = 4$ のときの図において，グラフの上がり具合を比較すると違いを実感できる．第 4 章の図 ($q = 4$) のスケーリングを，前ページの図 ($q = 60$) に合わせて描き直したものを以下に掲げる．

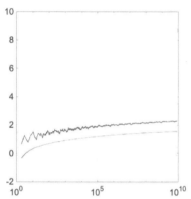

$\pi_{\frac{1}{2}}(x, 4, 3) - \pi_{\frac{1}{2}}(x, 4, 1)$（上の折れ線）と $\frac{1}{2} \log \log x$（下の曲線）

前ページの図と比較すると，増大の傾きが緩やかであることがみて取れる．これは，偏りが比較的小さいことを表している．

次に，2 つ目の欠陥「仮定の不自然さ」は，深リーマン予想が「オイラー積の収束」で一貫していることから解消している．

3 つ目の必要十分性（条件が厳し過ぎず甘過ぎず，適切な線引きがなされているか）は，「チェビシェフの偏り」が，深リーマン予想と本質的に同値であるため解決している．

それを説明するには，深リーマン予想を「予想 A」と「予想 B」の 2 つの段階に分ける必要がある．「チェビシェフの偏り」は深リーマン予想の本質的な部分である「予想 A」と同値であることが証明されるのである．この内容は，若干高度になるため，本書の付録 2 で解説する．

　結局，チェビシェフが見出した偏りとは何だったのだろうか．偏りは「深リーマン予想」と本質的に同値であり，それはオイラー積の収束範囲の究極的な拡張だった．オイラー積の源は「素因数分解の一意性」である．「自然数が素数で作られる」という当たり前の現象を究極まで極めたものが，深リーマン予想である．素数が「すべての自然数」を支える様子は，村人たちが巨大なおみこしを担ぐことに例えられるだろう．おみこしは，担ぎ手が均等に並んでもダメである．大きな男性から小さな子供まで様々な体格の者がいるから，うまく支えるには人員配置に「偏り」が必要である．

　素数も同様であり，大小さまざまな素数たちが担ぎ手となって自然数の全体を支えるために，必要な間隔を自然と保つように配置された．それが「偏り」の正体だったと考えられる．

　最後に，リーマン予想について改めて考えてみよう．リーマンは，ゼータ関数の非自明零点の実部が $\frac{1}{2}$ であると予想したが，この $\frac{1}{2}$ という数値は何を表しているのか．なぜ $\frac{1}{2}$ なのだろう．その理由について，リーマン自身は何も述

おみこしを担ぐための人員配置の偏り
（大人の男性は 1 名，子供は多数が密集）

べていない．後年の研究により，$\frac{1}{2}$ は「素数定理の誤差項 $O(x^{\frac{1}{2}+\varepsilon})$ の指数」であるとの説明が主流となったが，第 5 章で述べたように，あくまで「誤差項のオーダー」に過ぎないため，$\frac{1}{2}$ の恩恵を実感することは困難だったように思う．

　これに対し，本書の結論が一つの手がかりを与える．それは，素数に「$\frac{1}{2}$ 乗」の重みを付けると，偏りも含めた素数の質的分布を表せるということである．第 5 章で様々な重みで実験した結果からも，他の重みではダメであり，$\frac{1}{2}$ 乗だけが真実を語るのだ．そして，これがリーマンが見出した「実部 $\frac{1}{2}$」の一つの意味であると捉えられるのである．

ここまで本書では，素数について未解明であった「偏り」という質的分布が解明される経緯を，順を追ってみてきた．今述べた通り，素数が自然数の全体を支えるために，必要な間隔を保つように配置されたと考えると，その個数や分布について考えていくことがいかに本質的なことかがわかるだろう．ただ，ここで仮定した「深リーマン予想」を実際に証明し，「予想」を「定理」にできる見込みは立っていない．そのためにどんなピースが必要であるかもわかっておらず，今も多くの研究者たちがそのピースを追いかけているのである．

付録

1

一般の q を
法とした偏り

第 6 章に関連して，高校数学の範囲を超えて
理解したい読者に向けて，付録を用意した．
熱意のある読者が，現代数学の深みの一端に
触れる機会を提供できれば幸いである．

第6章 p.255 で,「チェビシェフの偏り」の定義を与え,定理を示したが,それらはいずれも $q = 4$ の場合に限定していた.ここでは $q = 4$ の制限を撤廃し,任意の自然数 q に対し「mod q で平方非剰余な余りを持つ素数」への偏りを紹介する.

平方非剰余とは「平方根を持たない」という意味である.すなわち,q を法とする平方剰余,平方非剰余の集合を R_q, N_q で表すと,それらは次式で定義される.

$$R_q = \{a \in (\mathbb{Z}/q\mathbb{Z})^\times \mid a \in (\mathbb{Z}/q\mathbb{Z})^{\times 2}\},$$
$$N_q = \{a \in (\mathbb{Z}/q\mathbb{Z})^\times \mid a \notin (\mathbb{Z}/q\mathbb{Z})^{\times 2}\}.$$

第6章で,$q = 4$ のときにオイラーの L 関数のオイラー積が $s = 1/2$ において収束することを「深リーマン予想」として紹介した.そこでは,既知の事実である $L(1/2) \neq 0$ を暗黙のうちに用いていた.

これに対し,q が一般の場合,mod q のディリクレ指標 χ に対するディリクレ L 関数 $L(s, \chi)$ が $L(1/2, \chi) \neq 0$ をみたすことは,証明されていない.これは「チャウラ予想」と呼ばれる未解決問題である.$L(1/2, \chi) = 0$ の場合,オイラー積も 0 に収束すると考えられるが,無限積の収束を「対数の無限和」の収束で定義するので,これは発散の扱いとなる.したがって,第6章で紹介した額面通りの深リーマン予想は成り立たない.しかし,現在では深リーマン予想はこの場合に拡張され定式化されている.それは,$s = 1/2$ が $L(s, \chi)$ の m 位の極であるとき,$s = 1/2$

264

で $x \to \infty$ において「x 以下の素数にわたるオイラー積は $(\log x)^{-m}$ のオーダーで 0 に収束する」というものである. これが一般的な深リーマン予想であり，とくに $m = 0$ のとき，第 6 章で与えた深リーマン予想と一致する.

　青木・小山の論文[1]では，$m > 0$ の場合も含めた一般的な枠組みの深リーマン予想下で，任意の法 q に対して「チェビシェフの偏り」を証明しているが，ここでは簡単のため，$m = 0$（チャウラ予想）を仮定し，論文の主定理の一部分を紹介する.

> **定理 [平方非剰余への偏り]**
>
> mod q のすべてのディリクレ指標 $\chi \neq 1$ に対して $L(s, \chi)$ のチャウラ予想と深リーマン予想を仮定する. 任意の組 $(a, b) \in R_q \times N_q$ に対し定数 $C > 0$ が存在し，次式が成り立つ.
>
> $$\pi_{\frac{1}{2}}(x, q, b) - \pi_{\frac{1}{2}}(x, q, a) \sim C \log \log x \quad (x \to \infty).$$
>
> 任意の組 $(a, b) \in R_q \times R_q$ 及び $(a, b) \in N_q \times N_q$ に対し，上の漸近式の左辺は有界となる.

証明　仮定より，極限値

$$\lim_{x \to \infty} \prod_{p \leq x:\, 素数} \left(1 - \frac{\chi(p)}{p^{\frac{1}{2}}} \right)^{-1}$$

[1] M. Aoki and S. Koyama: "Chebyshev's bias against splitting and principal primes in global fields" J. Number Theory **245** (2023) 233-257.

が存在して非零であるから，その対数

$$\sum_{p \leq x:\, \text{素数}} \log \left(1 - \frac{\chi(p)}{p^{\frac{1}{2}}} \right)^{-1}$$

は有界となる．log をテイラー展開した

$$\sum_{p \leq x} \log \left(1 - \frac{\chi(p)}{p^{\frac{1}{2}}} \right)^{-1} = \sum_{p \leq x} \sum_{k=1}^{\infty} \frac{\chi(p)^k}{k p^{\frac{k}{2}}}$$

を，$k \geq 3$，$k = 2$，$k = 1$ の 3 つに分けて考える．

はじめに，$k \geq 3$ にわたる和は

$$\sum_{p \leq x} \sum_{k=3}^{\infty} \left| \frac{\chi(p)^k}{k p^{\frac{k}{2}}} \right| \leq \frac{1}{3} \sum_{p \leq x} \sum_{k=3}^{\infty} \frac{1}{p^{\frac{k}{2}}} \leq \frac{\zeta(3/2)}{3}.$$

より $x \to \infty$ で収束する．

次に，$k = 2$ の部分は，χ が実指標の場合とそれ以外の場合で結果が異なる．実指標のときは，$\chi(p) = \pm 1$ より $\chi(p)^2 = 1$ であるから，第 2 章の定理［素数の逆数の和の挙動］より $\frac{1}{2} \log \log x$ の挙動をとる．実指標でない場合は，打ち消し合いが生じて和が収束することが知られている（メルテンスの定理）．したがって，$x \to \infty$ において次式が成り立つ．

$$\sum_{p \leq x} \frac{\chi(p)^2}{2p} = \begin{cases} \frac{1}{2} \log \log x + O(1) & (\chi \text{ が実}) \\ O(1) & (\text{他の } \chi). \end{cases}$$

以上より，先に挙げた log のテイラー展開の各項のう

ち，$k = 1$ の部分を除きすべての挙動がわかった．よって，$k = 1$ の部分を左辺に移項し，他のすべての項を右辺に移項すると，次式が成り立つ．

$$\sum_{p \leq x} \frac{\chi(p)}{\sqrt{p}} = \begin{cases} -\frac{1}{2} \log \log x + O(1) & (\chi \text{ が実}) \\ O(1) & (\text{他の } \chi). \end{cases}$$

以下，記号 $\displaystyle\sum_{\chi}$ で「mod q のディリクレ指標 χ 全体にわたる和」を表すものとする．指標の直交関係より

$$\begin{aligned} \pi_{\frac{1}{2}}(x, q, a) &= \sum_{\substack{p \leq x \\ p \equiv a (\mathrm{mod}\ q)}} \frac{1}{\sqrt{p}} \\ &= \sum_{p \leq x} \frac{\frac{1}{\varphi(q)} \sum_{\chi} \chi(pa^{-1})}{\sqrt{p}} \\ &= \frac{1}{\varphi(q)} \sum_{\chi} \chi(a)^{-1} \sum_{p \leq x} \frac{\chi(p)}{\sqrt{p}} \\ &= -\frac{\log \log x}{2\varphi(q)} \sum_{\chi:\ \text{実}} \chi(a) + O(1). \end{aligned}$$

したがって，

$$\begin{aligned} \pi_{\frac{1}{2}}(x, q, b) &- \pi_{\frac{1}{2}}(x, q, a) \\ &= \frac{\log \log x}{2\varphi(q)} \sum_{\chi:\ \text{実}} (\chi(a) - \chi(b)) + O(1). \end{aligned}$$

以下，右辺の $\displaystyle\sum$ の部分を，各場合に計算する．

$\underline{(a, b) \in R_q \times R_q \text{ のとき}}$

a, b が平方剰余だから，任意の実指標 χ に対し，$\chi(a) = \chi(b) = 1$ なので定理は成立．

$\underline{(a, b) \in N_q \times N_q \text{ のとき}}$

$\chi^*(b) = -1$ なる実指標 χ^* をとる．実指標の全体は，指標群の部分群をなすから，

$$\sum_{\chi:\, \text{実}} \chi(b) = \sum_{\chi:\, \text{実}} (\chi^* \chi)(b)$$

$$= \chi^*(b) \sum_{\chi:\, \text{実}} \chi(b) = - \sum_{\chi:\, \text{実}} \chi(b).$$

よって，次式が成り立つ．

$$\sum_{\chi:\, \text{実}} \chi(b) = 0.$$

同様にして

$$\sum_{\chi:\, \text{実}} \chi(a) = 0$$

も成り立つので，定理は成立する．

$\underline{(a, b) \in R_q \times N_q \text{ のとき}}$

$$\pi_{\frac{1}{2}}(x, q, b) - \pi_{\frac{1}{2}}(x, q, a)$$

$$= \frac{\log \log x}{2\varphi(q)} \sum_{\chi:\, \text{実}} 1 + O(1)$$

となるので，

$$C = \frac{\text{実指標の個数}}{2\varphi(q)}$$

として定理は成立する.　　　　　　　　　　　　　□

　この定理は，素数を q で割った余りの「平方非剰余への偏り」を主張している．また，本文では述べなかったが，重み付き個数の差が有界になることを「偏りがない」と定義すると，定理の後半は，「平方剰余どうし」「平方非剰余どうし」では偏りがないことを主張している.

例 1（$q = 4$）　素数を 4 で割った余りは 1 と 3 の 2 通り. そのうち, 1 は平方剰余, 3 は平方非剰余であるから, 「余り 3」への偏りがある.

例 2（$q = 5$）　素数を 5 で割った余りは 1,2,3,4 の 4 通り（素数 5 を除く）. このうち, 1 と 4 が平方剰余, 2 と 3 が平方非剰余であるから, 「余り 2」と「余り 3」への偏りがある. すなわち, 素数を小さい方から並べると, 「5 で割って 2 余る素数」と「5 で割って 3 余る素数」が早めに現れる傾向にある. また, 平方非剰余どうしである「余り 2」と「余り 3」の間には偏りがなく, 平方剰余どうしである「余り 1」と「余り 4」の間にも偏りがない. それらは, 同程度のタイミングで同程度の個数が現れる.

例 3（$q = 8$）　素数を 8 で割った余りは 1,3,5,7 の 4 通り. このうち, 1 は平方剰余, 3,5,7 は平方非剰余であるから, 「5 で割って余りが 1 以外となる素数」への偏りがある. ま

た，平方非剰余どうしである「余り 3」「余り 5」「余り 7」の三者の間には，偏りがない．

例 4（$q = 60$）　素数を 60 で割った余りは，第 6 章で述べたように 16 個ある．そのうち平方剰余は 1 と 49 の 2 個で，他の 14 個は平方非剰余である．第 6 章では，「余り 1」に反する偏りがみられるという数値計算結果を紹介したが，そのような結果が得られる背景に「1 が平方剰余」という事実があることが，この定理よりわかる．そして，同様の結果は「余り 49」に対してもあり，1 と 49 に反する偏りが存在する．素数を 60 で割った余りは，1 と 49 以外の 14 種類となる方に偏りがあり，小さい方から素数を並べると，それら 14 種類の余りを持つ素数が早めに現れる傾向にある．

　先ほどの青木・小山の論文では，この定理の逆の命題も，より一般的な枠組みで証明しており，本質的に「チェビシェフの偏り」は，付録 2 で述べる深リーマン予想（A）と同値であることがわかる．この証明は広範な L 関数に拡張でき，青木・小山の論文およびその後継研究により以下のような各種の偏りを得ている．

- 代数拡大において完全分解しない素イデアルへの偏り（青木・小山）
- 大域体の素イデアルのうち，単項でない素イデアルへの偏り（青木・小山）

- ラマヌジャンの τ 関数の符号の偏り（黒川・小山）[2]
- 楕円曲線 E の係数 $a(p) = p + 1 - \#E(\mathbb{F}_p)$ の符号の偏り（金子・小山）[3]

---

[2] S. Koyama and N. Kurokawa: "Chebyshev's bias for Ramanujan's τ-function via the Deep Riemann Hypothesis" Proc. Japan Acad. Ser. A Math. Sci. **98A** (2022) 35-39.

[3] I. Kaneko and S. Koyama "A new aspect of Chebyshev's bias for elliptic curves over function fields" Proc. Amer. Math. Soc. **151** (2023) 5059-5068.

付録 **2**

BSD予想から
深リーマン
予想へ

第6章 p.243 で，深リーマン予想が提起された経緯について触れた．それは，絶対収束域外でオイラー積の収束性を仮定する着想に基づいていたが，実は，この発想は，過去の数学の歴史の中に存在していた．それは，ミレニアム問題として有名なバーチ・スウィンナートン・ダイヤー予想（通称 BSD 予想）である．深リーマン予想は，その起源を BSD 予想にみることができる．ここでは，BSD 予想を概観し，深リーマン予想との関係を解説する．

整数 A, B と，$\mathbb{Q}$ 上の楕円曲線 $E : y^2 = x^3 - Ax - B$ に対し，素数 p が E の判別式 $\Delta(E) = 16(4A^3 - 27B^2)$ の約数でないとき，p を good という．E の定義式を $\mathrm{mod}\, p$ した式は，p が good なら有限体 $\mathbb{F}_p$ 上の楕円曲線を定義する．その有理点の集合を $E(\mathbb{F}_p)$ と書き，$a(p) = p + 1 - \#E(\mathbb{F}_p)$ とおく．オイラー因子

$$L(s, p, E) := (1 - a(p)p^{-s} + p^{1-2s})^{-1}$$

の good な p 全体にわたる無限オイラー積

$$\prod_{p: \text{good}} L(s, p, E)$$

は，絶対収束域 $\mathrm{Re}(s) > \frac{3}{2}$ において，E の L 関数 $L(s, E)$ に（有限因子を除き）等しい．「$p \leqq x$ にわたる有限オイラー積」

$$L_x(s, E) := \prod_{p < x: \text{good}} L(s, p, E)$$

の $s = 1$ における挙動について，バーチとスウィンナート
ン・ダイヤーは共著論文[1]で，2 つの予想 (A)(B) を提起
した．

BSD 予想

(A) $r = \mathrm{rank}(E)$ とする．$L(s, E)$ は $s = 1$ にお
いて r 位の極を持ち，次の極限は収束する．

$$\lim_{x \to \infty} (\log x)^r L_x(1, E).$$

(B) $r = 0$ のとき，テイト・シャファレヴィッチ群
$\mathrm{III}(E)$ の位数と玉河数 $\tau(E)$ を用いて，$L(1, E)$
は次式で表される．

$$L(1, E) = \tau(E) \frac{\#\mathrm{III}(E)}{(\#E(\mathbb{Q}))^2}.$$

ただし，玉河数の定義にはいくつかの流儀があり，彼ら
の共著論文では $\frac{\tau(E)}{L(1,E)}$ を玉河数と呼んでいる．

1982 年，ゴールドフェルドは「予想 (A) が正しければ
$L(s, E)$ のリーマン予想が成り立つこと」を証明した．こ
の結果はクオ・マーティ (2005)，コンラッド (2005) によ
り一般のゼータ関数に拡張された．予想 (A) は，リーマン
予想を超える大予想であることがわかったのである．

---

[1] B.J. Birch and H.P.F. Swinnerton-Dyer: "Notes on elliptic
curves. II" J. reine und angew. Math. **218** (1965) 79–108.

予想 (B) が楕円曲線に特有の概念である rank(E),
Ш(E), E(ℚ) などで書かれるため，BSD 予想は「代数幾
何的整数論の一予想に過ぎない」と思われがちだが，一般
の L 関数の視点で見れば，予想 (A) は中心点におけるオ
イラー積の収束，予想 (B) はその値である．オイラー積が
収束したら，次にその値が問題となる．

リーマン予想を登山に例えれば，予想 (A) が登頂で，予
想 (B) は山頂に旗を立てたり，祠を作ったりすることに
当たるだろう．山頂の建造物は目を引きがちであり，予想
(B) はミレニアム問題でも取り上げられ有名になったが，
そもそも山頂への到達（＝リーマン予想の解明）は予想 (A)
なのである．

2012 年，黒川[2] は BSD 予想を一般化・定式化し「深リー
マン予想」(the Deep Riemann Hypothesis, 通称 DRH)
と命名した．以下に，その概要を述べる．ここで述べる内
容は，第 6 章で導入した「深リーマン予想」より抽象的で
全く別の予想にみえるかもしれないが，第 6 章で述べた内
容の一般化になっている．実際，後ほど例 2 で，第 6 章の
予想と一致することを確認する．

K を 1 次元大域体とする．K の各有限素点 v に対し
r_v 次ユニタリ行列 $M(v)$ が定まっているとする．v のノ
ルム $N(v)$ と r_v 次単位行列 I_{r_v} を用いてオイラー因子を

$$L_K(s, v, M) = \det \left(I_{r_v} - M(v)N(v)^{-s} \right)^{-1}$$

[2] 黒川信重『リーマン予想の探求 ～ABC から Z まで～』(技術評論社，2012).

で定義する．L 関数は，次式で定義される．

$$L_K(s, M) := \prod_{v: \text{有限素点}} L_K(s, v, M).$$

これは $\mathrm{Re}(s) > 1$ で絶対収束する．M が K の既約なガロア表現 $\rho(\neq 1)$ のとき，$L_K(s, M) = L_K(s, \rho)$ は全平面に解析接続されると予想されている．深リーマン予想は，有限部分積

$$L_{K,x}(s, \rho) = \prod_{v: N(v) < x} L_K(s, v, \rho)$$

の $s = \frac{1}{2}$ における挙動に関する予想である．次の (A)(B) は BSD 予想の記号に対応しており，予想 (A) は「オイラー積の収束」，予想 (B) はその値の記述である．

深リーマン予想 (DRH)

(A) $L_K(s,\rho)$ の $s=\frac{1}{2}$ における零点の位数を m とする．次の極限は収束する．

$$\lim_{x\to\infty}(\log x)^m L_{K,x}(s,\rho).$$

(B) γ をオイラー定数とする．(A) の極限値はある整数 $\nu(\rho)$ を用いて

$$\frac{\sqrt{2}^{\,\nu(\rho)}L_K^{(m)}(\frac{1}{2},\rho)}{e^{m\gamma}m!}$$

と表せる．

(B) の $\nu(\rho)$ の値も予想されており，表現 σ 内の単位表現 $\mathbf{1}$ の重複度を表す記号 $\mathrm{mult}(\mathbf{1},\sigma)$ を用いて，次式で与えられる．

$$\nu(\rho)=\mathrm{mult}(\mathbf{1},\mathrm{sym}^2\rho)-\mathrm{mult}(\mathbf{1},\wedge^2\rho).$$

sym^2，$\wedge^2$ はそれぞれ対称冪，外冪表現である．

例1 $(L(s,E))$　$K=\mathbb{Q}$ のとき，有限素点 v は通常の素数 p のことであり，$N(p)=p$ であるから，

$$L_{\mathbb{Q}}(s,M):=\prod_{p:\,\text{素数}}\det\left(I_{r_p}-M(p)p^{-s}\right)^{-1}$$

となる．先ほど定義した楕円曲線 E に対し，good な p は $a(p)\leqq 2\sqrt{p}$ を満たすので，

278

$$a(p) = 2\sqrt{p}\cos\theta_p$$

なる $\theta_p \in [0, \pi]$ が存在する．これを用いて

$$M(p) = \begin{pmatrix} e^{i\theta_p} & 0 \\ 0 & e^{-i\theta_p} \end{pmatrix}$$

とおけば，$L_{\mathbb{Q}}(s, M)$ は $L(s + \frac{1}{2}, E)$ と（有限個のオイラー因子を除いて）一致し，$r = \mathrm{rank}(E)$ とおけば，BSD 予想 (A) は深リーマン予想 (A) と一致する．この意味で，深リーマン予想は BSD 予想の一般化である．

例 2（$L(s, \chi)$）　任意の素数 p に対し $r_p = 1$，$M(p)$ をディリクレ指標 $\chi(p)$ とすれば，$L_{\mathbb{Q}}(s, M)$ はディリクレ L 関数 $L(s, \chi)$ となる．チャウラ予想（$m = 0$ すなわち $L(\frac{1}{2}, \chi) \neq 0$）の下で，深リーマン予想 (A) は「$x$ 以下の素数にわたるオイラー積 $L_{\mathbb{Q},x}(\frac{1}{2}, \chi)$ の $x \to \infty$ における収束」である．この主張の正当性は，大きな x で $L_{\mathbb{Q},x}(\frac{1}{2}, \chi)$ を計算すれば確信できる．次図[3]は，χ が mod 4 の非自明なディリクレ指標であるときに「100 億以下の x」に対する $L_{\mathbb{Q},x}(\frac{1}{2}, \chi_{-4})$ の様子である．値は落ち着き収束の様相を呈することが見てとれる．なお，他の χ でも同じ傾向が見られる．脚注の文献に計 40 点以上のグラフがあるので参照されたい．

---

[3] 拙著『数学の力　高校数学で読みとくリーマン予想』（日経サイエンス社，2020）．

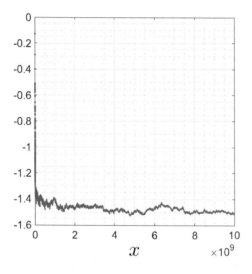

あとがき

　本書で，私は複素関数論を用いずに素数定理を紹介するという無謀な挑戦を敢行した．一見，複素関数論を軽視したようにもみえるが，実は本心は逆で，私は複素関数論にかつてないほど価値を感じている．

　そのことを説明するため，私の妄想を一つ述べて本書の結びとしたい．仮に，深リーマン予想が正しければ，オイラー積に非自明零点を代入することで，素数の未知の振る舞いを解明できるだろう．実際，非自明零点の位置とチェビシェフの偏りの大きさの関係を示す数値実験があるが，その定式化や原因究明には，誰も成功していない．深リーマン予想を用いれば，それらを解決できる可能性が高い．

　複素関数論が未発達だったオイラーの時代は，非自明零点が認識されていなかった．複素関数論の真の価値は，実数論でも推測できるような素数定理の証明にあるのではない．それよりも，非自明零点を使ってこれまで思いも付かなかった新たな現象が見えてくることに，より大きな価値がある．それを追究することが，これからの整数論のあるべき姿であると思う．

　若い読者が，本書をそんな改革のきっかけとして用いてくれれば，私の妄想も多少の価値を持つだろう．

2024 年 5 月 31 日　　　　　著者

謝辞

　本書の制作にあたり，新潟県立三条高等学校数学教諭の樋口珠美先生に，高校数学のプロの立場から高校の学習範囲に照らした数々の貴重なご助言をいただきました．東洋大学理工学部の奥村喜晶講師，同機械工学科の加藤愛子さんには，初期の原稿を精読していただき，誤植の指摘や索引語の選定に関する提案など，多くのアドバイスなどをいただきました．以上の方々に御礼申し上げます．

　第4章の一部は月刊誌「現代数学」2024年2月号「素数の偏りと深リーマン予想（前編）」に，付録の一部は同3月号「素数の偏りと深リーマン予想（後編）」に加筆を行ったものです．元記事の執筆から本書への掲載までご支援をいただきました現代数学社代表の富田淳さんに感謝申し上げます．

　収録内容の一部は，2023年度「東洋大学井上円了記念研究助成」を受けて行った研究成果です．本研究を採択していただいた井上円了記念研究助成運営委員会に感謝の意を表します．

読書案内

より発展的な読書に役立つと思われる本を挙げる.

リーマン予想関連

> [1] 黒川信重・小山信也『リーマン予想のこれまでとこれから』（日本評論社, 2009）
>
> [2] 小山信也『素数とゼータ関数』（共立出版, 2015）
>
> [3] 小山信也『リーマン教授にインタビューする−ゼータの起源から深リーマン予想まで−』（青土社, 2018）

［1］は過去の研究を概観し，将来への指針を与えた一般書．［2］は大学や大学院の教科書などとしても用いられる入門書．［3］は私が時空を超えて19世紀のリーマン教授と議論を交わしたフィクション．20世紀の数学を概観し，21世紀以降の方針までも議論した．

深リーマン予想関連

> [4] 黒川信重『リーマン予想の探求〜ABCからZまで〜』（技術評論社, 2012）
>
> [5] 小山信也『数学の力　高校数学で読みとくリーマン予想』（日経サイエンス社, 2020）

黒川教授が深リーマン予想を初めて発表した書籍が［4］である．［5］では膨大なデータにより予想の根拠を示した.

読書案内

オイラーの「逆数の和」関連

　[6]　小山信也『素数からゼータへ，そしてカオスへ』
　　　　（日本評論社，2010）

　オイラーの業績を「素数分布の解明」と関連付けて解説した
一般書．本書第 2 章の発想の端緒となった．

テイラー展開関連

　[7]　小山信也・中島さち子『すべての人の微分積分学　改
　　　　訂版』（日本評論社，2016）

　本書第 2 章で扱ったテイラー展開の一般論を収録．微分積分
学の標準的な教科書として大学の理工系で用いられる．

「チェビシェフの偏り」関連

　[8]　小山信也『「数学をする」ってどういうこと？』
　　　　（技術評論社，2021）
　[9]　小山信也『素数って偏ってるの？〜ABC 予想，コラッ
　　　　ツ予想，深リーマン予想〜』
　　　　（技術評論社，2023）

　素数の偏りの解明のきっかけは，[8] p.240 の数式が発散す
ることに奇異を感じたことだった．それを解明し，[9] で一般
向けに公表した．

N.D.C.412　　286p　　18cm

ブルーバックス　B-2270

誰も知らない素数のふしぎ
オイラーからたどる未解決問題への挑戦

2024年8月20日　第1刷発行

著者	小山信也
発行者	森田浩章
発行所	株式会社講談社
	〒112-8001　東京都文京区音羽2-12-21
電話	出版　03-5395-3524
	販売　03-5395-4415
	業務　03-5395-3615
印刷所	（本文印刷）株式会社 新藤慶昌堂
	（カバー表紙印刷）信毎書籍印刷株式会社
本文データ制作	藤原印刷株式会社
製本所	株式会社国宝社

ISBN978-4-06-536847-3